Karol Frühauf, Jochen Ludewig, Helmut Sandmayr

Software-Prüfung

Eine Anleitung zum Test und zur Inspektion

vdf

Hochschulverlag AG an der ETH Zürich   B.G. Teubner Stuttgart

Die Deutsche Bibliothek – CIP-Einheitsaufnahme

Frühauf, Karol:
Software-Prüfung : eine Anleitung zum Test und zur Inspektion
/ Karol Frühauf ; Jochen Ludewig ; Helmut Sandmayr. –
2. Aufl. – Zürich : vdf, Hochschulverl. an der ETH Zürich ;
Stuttgart : Teubner, 1995
   ISBN 978-3-519-12154-1   ISBN 978-3-322-94041-4 (eBook)
   DOI 10.1007/978-3-322-94041-4
NE: Ludewig, Jochen:; Sandmayr, Helmut:

1. Auflage 1991
2. Auflage 1995

Umschlaggestaltung: Fred Gächter, Oberegg, Schweiz

Der vdf dankt dem Schweizerischen Bankverein
für die Unterstützung zur Verwirklichung seiner Verlagsziele

Vorwort

Dieses Buch soll die wichtigsten Grundsätze der Software-Prüfung vermitteln. Wir betrachten dabei vor allem die *Aktivitäten* der Beteiligten, weniger die technischen Hilfsmittel. Es richtet sich an alle, die als Entwickler, Kunden oder Vorgesetzte mit der Prüfung und Qualitätssicherung von Software befaßt sind.

Als Autoren streben wir keine wissenschaftliche Vollständigkeit an; unser Ziel ist es vielmehr, *wenige, aber praktikable* Möglichkeiten zu zeigen, wie man wirklich vorgehen kann - und nach dem Stand der Technik verfahren sollte. Wir wenden uns also *nicht* an erfahrene Testspezialisten, deren Vorkenntnisse über den Anspruch dieses Buchs hinausgehen. Vielmehr haben wir uns bemüht, das Elementare in leicht anwendbarer Form zusammenzustellen.

Nach den "wilden achtziger Jahren", in denen gerade im Software Engineering überall Unmögliches angeboten wurde, ist unser Anspruch sehr viel bescheidener: Aus unserer Kenntnis der Praxis wissen wir, daß auch die elementaren Regeln in den meisten Betrieben und Organisationen mißachtet werden. Wir wollen sie in Erinnerung rufen und in leicht handhabbarer Form zusammenstellen. Ihre konsequente Anwendung wird zwar keine Wunder bewirken, aber einen Zuwachs an Qualität (etwa 70 bis 90 % weniger Fehler in der ausgelieferten Software) und eine Erhöhung der Produktivität (etwa 10 bis 30 % niedrigere Kosten bei 5 bis 20 % kürzeren Entwicklungszeiten) sind allemal zu erwarten. Wo wäre es nicht lohnend, diese Verbesserung zu realisieren?

Nach der Einleitung befassen wir uns in Kapitel 2 mit dem gängigsten Ansatz, dem Test, d.h. der Prüfung eines Programms durch Ausführung auf einem Rechner. Kapitel 3 ist dem Review gewidmet, also der Prüfung "mit den Augen", *ohne* Programmausführung. Im Kapitel 4 folgt ein kurzer Blick auf das Prüfen objektorientierter und logischer Programme. Das gleiche Kapitel befaßt sich auch mit der Prüfung unter Zuhilfenahme von Werkzeugen. Das Kapitel 5 ist den Management-Aspekten gewidmet. Im Kapitel 6 ist schließlich weiterführende Literatur zur Prüfung und Qualitätssicherung von Software zusammengestellt.

Umschlagbilder

Das Umschlagbild ist unverkennbar von Wilhelm Busch. Die "Bugs" plagen Software-Entwickler genauso beharrlich wie Onkel Fritz.

Der erste wird gefaßt, aber die Erleichterung dauert nur so lange, bis sich der nächste zeigt: ein mühsames und leidvolles Unterfangen ohne die richtigen (biologischen) Vertilgungsmittel. Ein solches zeigt Imre Sebestyén auf der Rückseite des Buches: die weisen Elefanten beim Review.

Dank

Zum Themenkreis "Prüfung objektorientierter und logischer Programme" gibt es nach unserer Kenntnis keine Literatur. Da uns selbst auswertbare Erfahrungen auf diesem Gebiet fehlen, haben wir uns an zwei Fachleute gewandt: *Reinhard Budde* von der GMD und *Horst Lichter* von der Universität Stuttgart. Wir danken für ihre spontane Mithilfe. Für alle krausen Konsequenzen, die wir aus ihren zweifellos korrekten Angaben gezogen haben, übernehmen wir freilich die Verantwortung.

Monika Peterhans danken wir ganz herzlich für ihren unermüdlichen Einsatz bei stets guter Laune. Die Handschrift im Original des einen Autors und die C-würdigen Verzeigerungen in den Korrekturen des anderen sorgten dafür, daß es ihr nie langweilig wurde. *Roswitha Fröhlich* danken wir schließlich für das sprachliche Verarzten des Textes.

Dafür, daß sie die Prüfungen des Lebens mit uns wagen, widmen wir dieses Buch unseren Frauen

Hanneke, Jutta und Lisbeth.

Karol Frühauf, Jochen Ludewig und Helmut Sandmayr
Baden/Schweiz und Stuttgart, im August 1991

Die zweite Auflage enthält nichts Neues, höchstens andere Fehler.

Karol Frühauf, Jochen Ludewig und Helmut Sandmayr
Baden/Schweiz und Stuttgart, im Februar 1995

Die Autoren

Karol Frühauf und *Helmut Sandmayr* betreiben die Beratungsfirma *INFOGEM AG* in Baden, Schweiz.

Jochen Ludewig ist ordentlicher Professor für Informatik an der Universität Stuttgart.

Verzeichnis der Abbildungen

Kapitel 1

Einleitung und Überblick

In diesem einleitenden Kapitel wird – nach einem Prolog über Prüfungen im allgemeinen – die Software-Prüfung zunächst in den größeren Zusammenhang des Software Engineerings und der Software-Qualitätssicherung gestellt. Anschließend werden die beiden wichtigsten Prüfverfahren, Test und Review, im Überblick und im Vergleich betrachtet. Schließlich werden einige Begriffe definiert, die in den folgenden Kapiteln immer wieder gebraucht werden.

1.1 Prüfungen

Non scholae sed vitae discimus
(Nicht für die Schule, für das Leben lernen wir!)

Prüfungen sind uns allen aus der Schulzeit in mehr oder minder unangenehmer Erinnerung. Welchen Nutzen, welche Wirkungen haben sie?

- Anders als die expliziten, aber eher abstrakten Lehrpläne liefern Prüfungen eine implizite, aber sehr konkrete Definition der Leistungskriterien. Sie sagen damit den Schülern, welchen Stoff sie beherrschen sollten.

- Prüfungen zeigen kollektive und individuelle Schwächen und liefern den Lehrern eine Rückkopplung für den Unterricht.

- Direkt erhöhen sie die Leistungen der Prüflinge nur in Ausnahmefällen (beispielsweise, wenn eine Aufgabe einen Aha-Effekt auslöst).

- Prüfungen schaffen die Möglichkeit, die extrem guten und extrem schlechten Kandidaten zu erkennen; dann können die einen belohnt, die anderen gefördert oder in aussichtslosen Fällen ausgeschlossen werden. Durch eine Belohnung werden die Guten angespornt. Die

Förderung der Schlechteren verringert die Gefahr, daß diese den Anschluß verlieren.

Der Ausschluß als ultima ratio wirkt einerseits als Drohung, gibt andererseits den Lehrern ein Mittel, um die Lähmung der Arbeit durch einzelne Schüler zu verhindern.

- Die Erwartung einer Prüfung beeinflußt das Verhalten der Kandidaten: Sie bemühen sich um besseres Verständnis, damit sie bessere Prüfresultate erzielen. Auf diesem Wege erhöht die Prüfung indirekt also auch die Leistung.

- Über die Prüfungsergebnisse werden auch die Lehrer – vor allem durch die Aufmerksamkeit der Schüler und ihrer Eltern – laufend geprüft, so daß ein grundsätzlicher Konflikt mit den Regeln des Unterrichts nicht unbemerkt bleiben wird.

Diese Beobachtungen lassen sich weitgehend auf das Thema dieses Buches, die Prüfung von Software, übertragen; dabei ist die Leistung der Schüler durch die Qualität der Software zu ersetzen.

- Prüfungen liefern – in Ergänzung der oft unzureichenden Spezifikation – implizit eine simple Definition der Qualitätskriterien. Sie lehren damit die Entwickler, welchen konkreten Anforderungen ihre Erzeugnisse genügen sollten.

- Prüfungen zeigen kollektive und individuelle Schwächen der Prüflinge (d.h. der Dokumente, Programme usw.) und liefern damit den Entwicklern eine Rückkopplung für die Arbeit an der Software insgesamt, also für das Software Engineering, und für die Verbesserung der einzelnen Komponenten (auf Programmebene die Fehlerbehebung).

- Direkt erhöhen sie die Qualität der Prüflinge nicht.

- Prüfungen schaffen die Möglichkeit, die extrem guten und extrem schlechten Prüflinge zu erkennen; dann können die einen als Vorbilder gezeigt, die anderen verbessert oder in aussichtslosen Fällen verworfen werden. Eine solche Ablehnung kann verhindern, daß ein ganzes System durch eine unzureichende Komponente unbrauchbar wird.

- Die Erwartung einer Prüfung beeinflußt das Verhalten der Entwickler: Sie bemühen sich, Software zu liefern, die gute Prüfresultate erzielt. Auf diesem Wege erhöht die Prüfung indirekt also auch die Qualität des Produkts.

- Die Einhaltung der Regeln zur Durchführung des Projekts, also die Qualität des Managements, kann und muß durch Audits regelmäßig überprüft werden.

1.2 Software Engineering und Software-Prüfung

Programme werden aus vielerlei Gründen geschrieben: Beileibe nicht nur von Software-Entwicklern, die als Angestellte oder als Kleinunternehmer direkt oder indirekt vom Verkauf der Software leben, sondern auch von Laboranten, die Meßgeräte abfragen müssen, von Schallplattensammlern, die Ordnung in das musikalische Chaos zu bringen versuchen, von Schülern und Studenten, die ihre Hausaufgaben machen oder Prüfungsfragen beantworten, von spielenden Kindern und spielenden Erwachsenen und von vielen anderen.

Vor allem dort, wo aus gutem Grunde nur von *Programmen*, nicht von *Software* gesprochen wird (vgl. Kapitel 1.7), besteht oft nicht der Wunsch oder die Möglichkeit, systematische Prüfungen durchzuführen. Es ist weder unsere Aufgabe noch unsere Absicht, darüber eine Wertung abzugeben. Wir empfehlen die Prüfung nicht mit quasimoralischen Argumenten (im Sinne eines Ehrenkodex oder einer Benimmregel, "Kartoffeln nicht mit dem Messer zu schneiden"), sondern weil sie nahezu überall, wo Software wirklich gebraucht wird und Kosten erzeugt, dazu führt, daß die geprüfte Software weniger Probleme verursacht und damit letztlich geringere Kosten.

Die Prüfung von Software ist – wie das ganze Software Engineering – kein Selbstzweck, sondern wirtschaftlich geboten; darum ist es sinnvoll, sich zu Beginn über einige wirtschaftliche Aspekte klar zu werden. Dazu sollen hier in Anlehnung an Frühauf, Ludewig, Sandmayr (1991) einige zentrale Aussagen kurz präsentiert werden; für eine gründliche Einführung sei auf die umfangreiche Literatur des Software Engineerings hingewiesen (vgl. Kapitel 6.1).

1.2.1 Spezielle Eigenschaften von Software

Schon der Begriff *Software Engineering* ist Programm: Software soll nicht als künstlerisches Produkt (eines begnadeten Einzelkämpfers), sondern als technisches Produkt (des Zusammenwirkens eines versierten Teams) behandelt werden. Dabei kann auf die Erfahrungen anderer Disziplinen zurückgegriffen werden. In einigen Punkten sind aber Besonderheiten zu beachten.

Das wichtigste Merkmal von Software ist der immaterielle Charakter. Daher kennen wir weder Fertigungs- oder Transportprobleme noch

Abnutzungserscheinungen; die *Produktion* beschränkt sich praktisch ganz auf das, was in anderen Bereichen *Entwicklung* heißt. Das gilt auch für die *Wartung*, denn eine Wiederherstellung des *ursprünglichen* Zustands ist ja in keinem Falle gewünscht. Wenn wir also anderen Ingenieuren bei der Prüfung über die Schulter sehen wollen, so müssen wir in die Entwicklung und Konstruktion gehen, nicht in die Fertigung.

Ein weiteres wichtiges Merkmal ist die fehlende Stetigkeit von Programmen. Sie verändern anders als Straßen und Kabel ihre Eigenschaften nicht stetig, wenn man irgendwelche Parameter verändert, sondern sprunghaft, und zwar prinzipiell in unbeschränktem Maße schon bei Änderung eines einzigen Bits. Fehler des Systems treten bei irgendeiner Kombination der Variablenwerte sprungartig auf, zeichnen sich also nicht wie Verschleißeffekte langsam ab. Da schon relativ kleine Programme leicht 10^{20} verschiedene Datenkombinationen als Eingabe erhalten können, kann eine praktische Erprobung (ein Test) nur einen verschwindend kleinen Teil der real auftretenden Situationen prüfen und nicht zu einer Korrektheitsaussage führen.

Schließlich ist uns Software als Produkt des Geistes offenbar wesentlich näher als ein materieller Gegenstand, den wir mit Werkzeugen bearbeitet haben. Diese Nähe hindert uns daran, selbstkritisch seine Schwächen zu erkennen. Prüfungen müssen also so angelegt sein, daß sie durch diese Hemmung nicht sabotiert werden können.

1.2.2 Der Software-Lebenslauf

Der Software-Entwicklungsprozeß wird in der Regel in einzelne Schritte unterteilt. Nach jedem Entwicklungsschritt, meist *Phase* genannt, wird eine Positionsbestimmung durchgeführt und entschieden, ob und wie der nächste Schritt gewagt werden soll. Diese Entscheidungspunkte werden *Meilensteine* genannt. Die bekannten Modelle des Software-Entwicklungsprozesses verwenden diese beiden Begriffe mit unterschiedlicher Interpretation.

Das meistzitierte Modell, das *Wasserfall-Modell* von Royce und Boehm, zeigt die Abbildung 1.1 mit der ursprünglichen Terminologie von 1970. Die einzelnen Entwicklungsschritte sind in diesem Modell als Tätigkeiten zu interpretieren. Da es nur bei den einfachsten Programmen möglich ist, die Tätigkeiten streng sequentiell anzuordnen, sind in diesem Modell Zyklen vorgesehen, die aber mit dem Konzept des Meilensteins unverträglich sind.

Wir verwenden durchgehend den Software-Lebenslauf in der Interpretation als *Kostenmodell*. In der Abbildung 1.2 sind einige typische *Tätigkeiten* dargestellt (die Aufwandsverteilung ist qualitativ und erhebt keinen

Anspruch auf quantitative Genauigkeit). Aus der Darstellung ist offensichtlich, daß pro Phase verschiedene Tätigkeiten ausgeführt werden; von diesen Tätigkeiten dominiert eine und gibt üblicherweise der Phase den Namen.

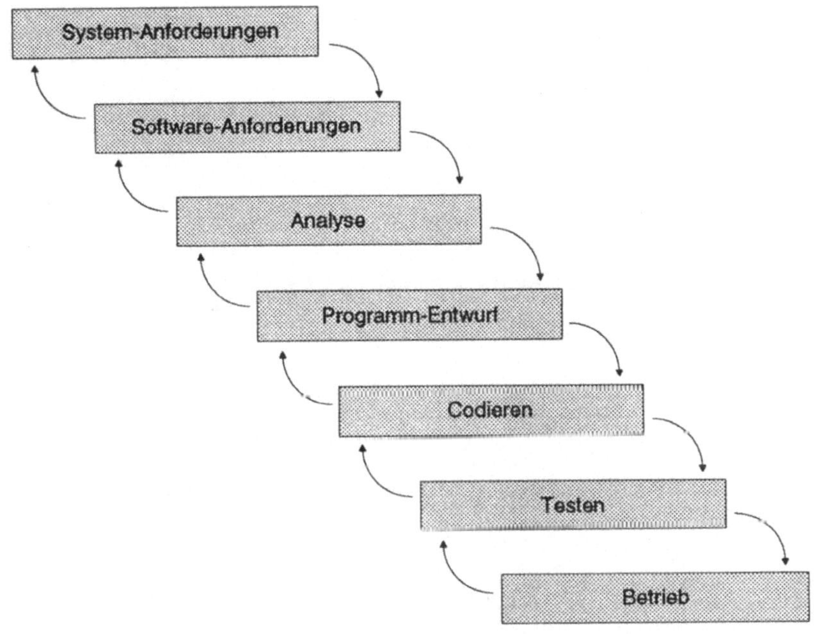

Abb. 1.1: Das Wasserfall-Modell (Royce, 1970)

Die Phase ist definiert durch ihre *Arbeitsergebnisse*; dazu gehören Dokumente, die in der Phase neu erarbeitet wurden, und Dokumente aus früheren Phasen, die überarbeitet wurden und in neuer Version vorliegen (vgl. Abbildung 1.2). Die Überarbeitung kann durch Fehler in einem Dokument, aber auch durch geänderte Bedürfnisse des Auftraggebers oder durch neue Erkenntnisse der Entwickler bei der weiteren Ausarbeitung begründet sein.

Das Ende der Phase ist durch einen Meilenstein markiert, an dem geprüfte und bewertete Arbeitsergebnisse vorliegen. In den Normen werden häufig Reviews gefordert, an denen Arbeitsergebnisse formell freigegeben werden. Diese sogenannten *Freigabe-Reviews* finden in Form einer Sitzung statt, in der unter anderem kontrolliert wird, ob die Arbeitsergebnisse mit den zugehörigen Prüfberichten vorliegen. Das bedeutet keineswegs, daß am letzten Tag der Phase mit einem Kraftakt alle Arbeitsergebnisse einer fachlichen Prüfung in Form von technischen Reviews unterzogen werden.

Tätigkeit	Arbeitsergebnis	Versionen der Arbeitsergebnisse an den Meilensteinen				
spezifizieren	Anforderungsdokument	①	②		③	
entwerfen	Architekturbeschreibung		①	②	③	
entwerfen	Entwurfsbeschreibung			①	②	
codieren	Quellcode				①	②
Test vorbereiten	Testvorschrift			①	②	③
schreiben	Benutzerhandbuch				①	②

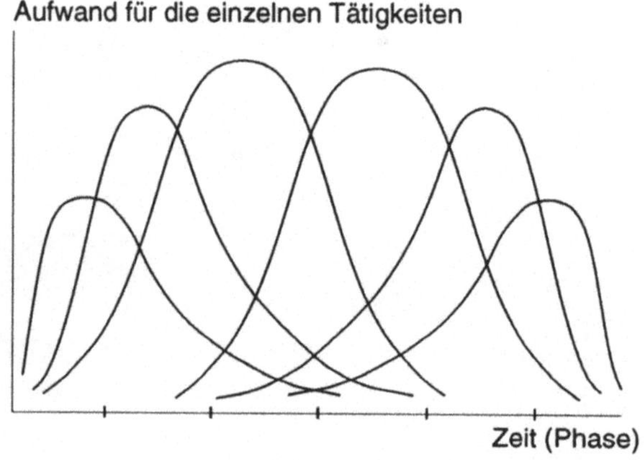

Abb. 1.2: Tätigkeiten und Phasen - das Kostenmodell (Sandmayr, 1991)

1.2.3 Software-Nutzen und -Kosten

Der *Nutzen* eines Software-Produkts ist bestimmt durch die Übereinstimmung zwischen Produkt und tatsächlichen Anforderungen sowie zusätzliche Leistungen und andere Eigenschaften, die nicht gefordert waren, aber als vorteilhaft empfunden werden.

Die *Kosten* eines Software-Produkts setzen sich aus *Herstellungskosten* und *Qualitätskosten* zusammen. Alle Aufwendungen für das Erbringen der geforderten Leistung, das *Erzeugen der Qualität*, zählen zu den Herstellungskosten. Die Qualitätskosten umfassen alle (zusätzlichen) Aufwendungen für das Verhüten, Erkennen, Lokalisieren und Beheben von Fehlern sowie die eventuellen Folgekosten der Fehler, die erst im Betrieb auftreten.

Bis zur Auslieferung der Software gibt es keine Folgekosten und Garantieleistungen, d.h. Fehlerkosten und Fehlerbehebungskosten sind gleich. Natürlich wird man um so mehr in Prävention und Prüfung investieren, je höher das Risiko durch Folgekosten und Garantieleistungen ist.

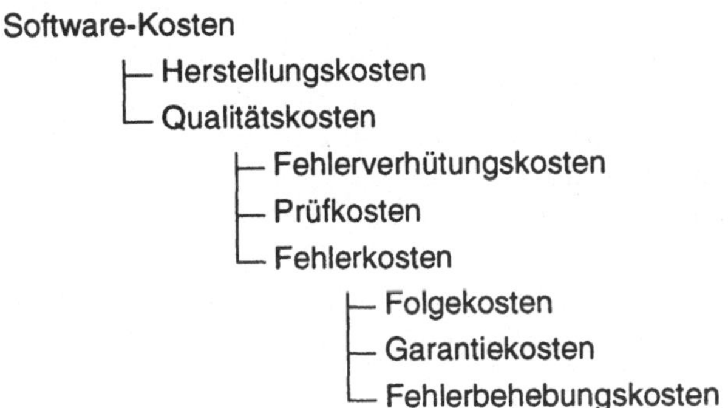

Abb. 1.3: Aufteilung der Software-Kosten

Die Abgrenzung zwischen den Kostenarten ist nicht eindeutig und muß von jedem Unternehmen nach seinen Bedürfnissen definiert werden. Bei der Abgrenzung sind die folgenden Fragen *praktikabel* zu beantworten:

1. Sind konstruktive Maßnahmen als Fehlerverhütung zu betrachten (*Fehlerverhütungskosten* als Teil der Qualitätskosten) oder als Beitrag zu den Herstellungskosten? Sind die Ausbildungskosten als Personalkosten oder als Fehlerverhütungskosten zu taxieren?

2. Welche Tätigkeiten zur Fehlererkennung sind unter *Prüfkosten* zu verbuchen? Ist ein Compilerlauf als eine Prüfung anzusehen oder als normale Entwicklungstätigkeit? Sind die vom Programmierer durchgeführten (nicht dokumentierten) Laufversuche eines Programms als Prüfung zu werten?

3. Ab wann soll ein entdeckter Mangel als Fehler verbucht werden? Verursacht die Behebung eines Syntax-Fehlers *Fehlerbehebungskosten*? Und die Korrektur von Tippfehlern in einem Dokument?

4. Sind Kulanzkosten als Werbeausgaben oder als *Folgekosten* zu betrachten?

Das hehre Ziel vor aller Augen ist eine möglichst geringe Anzahl Fehler im ausgelieferten Produkt. Je nach Anwendungsgebiet können die Folgekosten eines Fehlers, der erst im Betrieb auftritt, sehr hoch sein: Menschen können zu Schaden kommen, Verschwendung von Material und Energie kann die Folge sein, Stromausfall in weiten Teilen eines Landes kann unvorhersehbare Auswirkungen haben, Rückrufaktionen können erhebliche Kosten verursachen, um nur einige Beispiele zu nennen.

Aber der Idealfall von Null-Fehler-Software ist üblicherweise jenseits des wirtschaftlich Machbaren. Angestrebt wird in der Regel die Minimierung der Qualitätskosten. Die Fehlerverhütungs- und Prüfkosten müssen den Einsparungen bei den Fehlerkosten die Waage halten. Das Ziel der optimalen Kosten/Nutzen-Relation kann man nur erreichen, wenn man das Geld für die Fehlerverhütung und Prüfung ausgibt, nicht für die Fehler und ihre Folgen. Dies ist mit kurzsichtigem Denken nicht vereinbar: Wer in kurzer Zeit etwas "laufen" sehen will, wird lange Zeit für die Fehler zahlen müssen. Die Weitsichtigen haben bessere Überlebenschancen: Wer auf Qualität setzt, erntet Produktivität.

1.2.4 Fehlerentstehung und Fehlerentdeckung

Die Programmentwicklung verläuft bis zur Codierung top-down, d.h. vom Allgemeinen (Aufgabe) zum Speziellen (Code), von da an bottom-up, d.h. vom einzelnen Zeichen des Codes über den Baustein zum Gesamtsystem. Dabei werden verschiedene Abstraktionsstufen durchlaufen, wie die folgende Kurve darstellt.

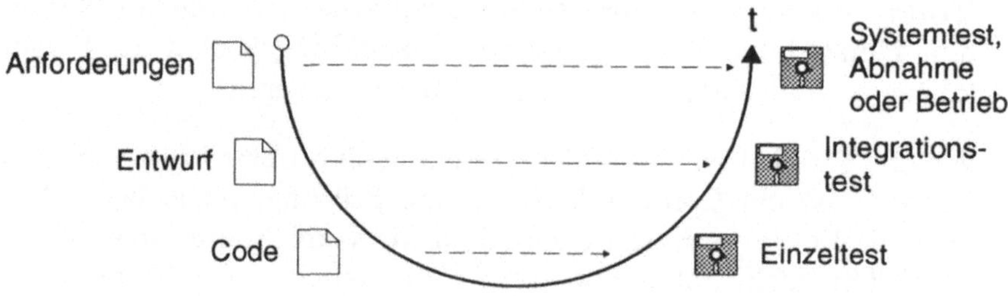

Abb. 1.4: Die Badewannenkurve

Es ist plausibel und entspricht auch der Erfahrung, daß Fehler typisch auf derselben Abstraktionsebene entdeckt werden, auf der sie begangen wurden. Zum Beispiel zeigt sich ein Entwurfsfehler nicht in der Codierung, sondern beim Versuch, die Programmeinheiten zu integrieren; vgl. hierzu Abbildung 1.4.

Außerdem steigen die Fehlerbehebungskosten mit der Latenzzeit eines Fehlers exponentiell an, d.h. die Behebung eines in der Analyse der Anforderungen gemachten Fehlers steigt auf das Mehrfache, wenn er nicht sofort, sondern erst nach der Auslieferung entdeckt wird. Dieser Sachverhalt ist in der Abbildung 1.5 (nach Dunn, 1984) illustriert, wobei die Prüfungen in den einzelnen Lebensphasen (ohne Nutzungsphase) dargestellt sind.

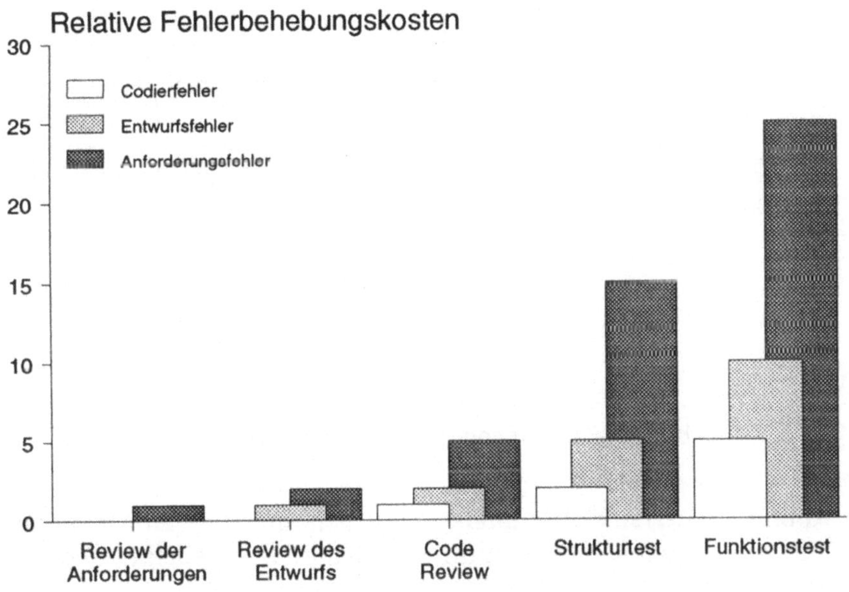

Abb. 1.5: Relative Fehlerbehebungskosten in Abhängigkeit von der Latenzzeit

Aus diesen beiden Feststellungen folgt, daß die Fehler der frühen Phasen die bei weitem teuersten sind und mit Prüfungen daher ganz speziell auf's Korn genommen werden sollen! Mit Testen können sie aber erst spät entdeckt werden; das Mittel für die Früherkennung der Fehler sind die *Reviews*.

1.3 Software-Qualitätssicherung

So wie die Prüfung nicht der primäre Zweck der Schule ist, so steht sie auch bei der *Software-Qualitätssicherung* nicht im Vordergrund. Abbildung 1.6 zeigt die Einbettung der Software-Prüfung.

Wie in Frühauf, Ludewig, Sandmayr (1991) ausführlich begründet ist, entsteht die angemessene Software-Qualität vor allem durch systematisches

Vorgehen nach den bewährten Techniken der Software-Konstruktion. Prüfungen stellen sicher, daß Abweichungen von diesen Prinzipien erkannt werden. Organisatorische Maßnahmen schaffen die notwendigen Rahmenbedingungen.

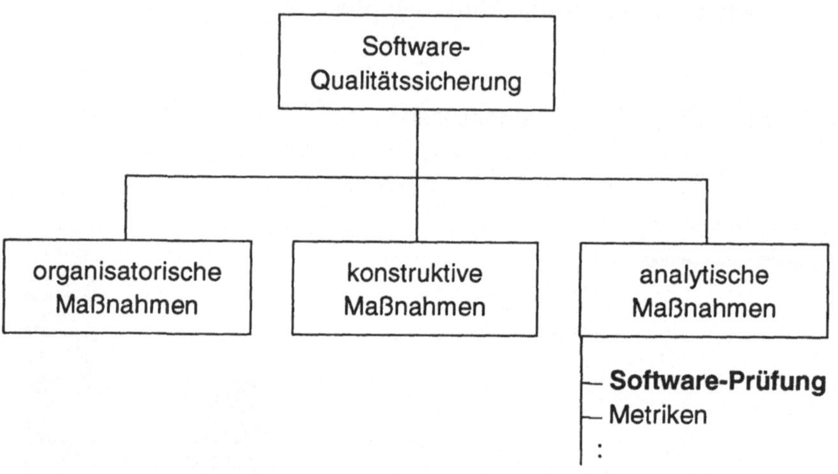

Abb. 1.6: Einbettung der Software-Prüfung

In der Abbildung 1.7 sind die unterschiedlichen analytischen Maßnahmen dargestellt. Die nachfolgend ausführlich behandelten Aspekte sind darin durch Fettdruck hervorgehoben.

Abbildung 1.7 suggeriert mit der Gliederung eine baumartige Begriffsstruktur; tatsächlich kann aber auch der prüfende Mensch statische oder dynamische Aspekte in den Vordergrund stellen; wir werden darauf im Kapitel 3 eingehen. Die mechanisch durchgeführten statischen Prüfungen sind in Kapitel 4 nur sehr kurz behandelt. Damit soll keineswegs eine Geringschätzung ausgedrückt werden. Vielmehr verbergen sich hinter den knappen Titeln ("Prüfung gegen Regeln", "Konsistenzprüfung" und "Quantitative Untersuchung") so anspruchsvolle Themen, daß der Rahmen dieses Buches dafür zu eng ist.

Eine *Prüfung gegen Regeln* liefert Aussagen darüber, ob gewisse Normen und Vorschriften eingehalten wurden. Beispielsweise läßt sich ein Pascal-Programm relativ leicht darauf prüfen, ob darin GOTO-Anweisungen vorkommen. Prüfungen anderer Dokumente, z.B. der Spezifikation, sind nur in dem Maße möglich, wie diese formalisiert sind. Viele Entwicklungsumgebungen (*CASE-Werkzeuge*) bieten Prüfungen dieser Art; beispielsweise stellen Werkzeuge für *Strukturierte Analyse* oder *SADT* sicher, daß Strukturierungsregeln eingehalten werden.

Ähnlich verhält es sich mit *Konsistenzprüfungen*; in einem teilweise formalisierten Entwurf kann z.B. mechanisch geprüft werden, ob alle Programmkomponenten verwendet, ob alle Variablen besetzt und gelesen werden.

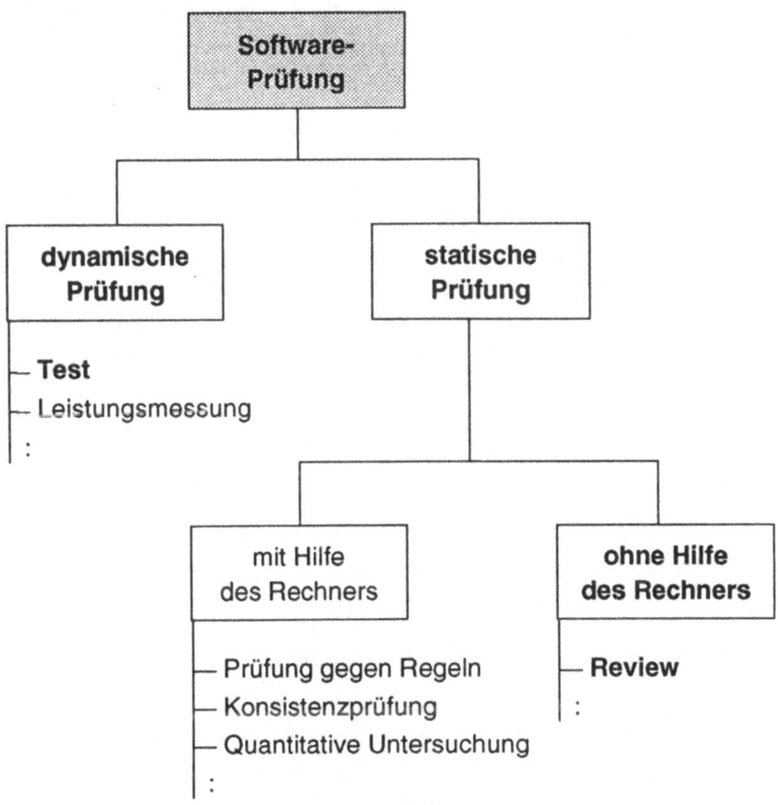

Abb. 1.7: Gliederung der Software-Prüfung

Quantitative Untersuchungen werden aus praktischen Gründen in der Regel mechanisch durchgeführt; in einfachen Fällen kann man auch durch simples Zählen (etwa der Programmkomponenten) interessante Einsichten gewinnen. Solche Anwendung von *Metriken* bietet allein genug Stoff für dicke Bücher, vgl. Fenton (1991), Conte, Dunsmore, Shen (1986) und Grady, Caswell (1987). Wir begnügen uns hier mit der Feststellung, daß solche Untersuchungen zwischen Test und Review stehen: Wir verwenden die kalte Ratio der Maschine, um reproduzierbare Daten über die Software zu erhalten; dann gebrauchen wir unseren Verstand, um diese Daten zu interpretieren. Dabei greifen wir auf all das Wissen zurück, das bei der Ermittlung der Kennzahlen nicht berücksichtigt werden kann.

1.4 Dynamische Prüfungen, Tests

Die Vorstellung, einen Mechanismus auszuprobieren und aus den Beobachtungen zu folgern, ob er in Ordnung ist (d.h. ihn zu *testen*), entspricht der Intuition der meisten Menschen. Den Test kann man daher als "natürliches" Prüfverfahren bezeichnen.

Die wichtigsten Vorzüge des Tests sind:

- Der Test ist reproduzierbar.

  Soweit das geprüfte Programm und die verwendete (virtuelle) Maschine selbst deterministisch arbeiten, sind Testresultate reproduzierbar und damit objektiv; Einschränkungen betreffen vor allem Echtzeitprogramme sowie Einflüsse, die durch unkontrollierbare Schnittstellen in den Test wirken (z.B. zufällige Vorbesetzungen nicht initialisierter Variablen).

- Den investierten Aufwand kann man mehrfach nutzen.

  Einmal geplant und vorbereitet, können Tests mit vertretbarem Arbeitsaufwand durchgeführt und vor allem wiederholt werden. In Anspruch genommen wird das billigste Mittel, der Rechner.

- Die Zielumgebung wird mitgeprüft.

  Jeder Test eines Software-Systems in seiner Zielumgebung schließt implizit einen Test der verwendeten (virtuellen) Maschine ein, d.h. des Rechners, seines Betriebssystems und auch der verwendeten Werkzeuge wie Compiler und Bibliotheken.

- Das Systemverhalten wird sichtbar gemacht.

  Ein Test ist eine Simulation der Praxis; er vermittelt daher auch einen Eindruck des späteren Systemverhaltens. An diesen Gedanken knüpft sich das weite Feld des Prototyping.

Diesen Vorteilen stehen folgende Nachteile gegenüber:

- Die Aussagekraft der Testergebnisse wird überschätzt.

  Die Intuition, die uns zum "Ausprobieren" drängt, ist im Laufe der Evolution entstanden, also in Situationen, die oft dramatisch und gefährlich, aber selten sehr komplex waren. Daher neigen fast alle

Menschen dazu, Tests mit negativem Befund (d.h. solche, in denen kein Fehler entdeckt wurde), viel zu hoch zu bewerten.

Die Vielfalt der Parameter-Konstellationen ist selbst bei kleinen Programmen unvorstellbar groß, so daß man sie eher verharmlost, wenn man sie als "astronomisch" charakterisiert. Selbst eine winzige Funktion mit einem einzigen Parameter vom Typ REAL hat typisch mindestens $2^{31} = 2'000'000'000$ verschiedene Ausführungsmöglichkeiten, zwischen denen keine stetigen Übergänge garantiert sind. In diesem Falle deckt ein Test mit 20 verschiedenen Werten also etwa $1/100'000'000$ der Möglichkeiten ab.

Daraus folgt, daß ein Test wohl den Tester, aber keinesfalls die möglichen Konstellationen erschöpfen kann. Wir müssen uns also damit abfinden, daß uns selbst ein jahrelanger Test keine Sicherheit über die Korrektheit eines Programms geben kann. (Natürlich entschuldigt die prinzipielle Unvermeidbarkeit von Fehlern keine Schlamperei nach dem Motto, "Dann kommt es ja auf einen Fehler mehr oder weniger nicht mehr an!")

Wie man sieht, ist eine Korrektheitsaussage durch Testen auch nicht andeutungsweise zu erreichen; "Austesten" ist völlig unmöglich.

- Mit dem Test kann man nicht alle Programmeigenschaften prüfen.

  Testen liefert nur Aussagen über das, was der Rechner "sieht", also nicht über all die anderen aus menschlicher Sicht wichtigen Eigenschaften, z.B. diejenigen, die ein Programm leicht änderbar machen.

- Im Test kann man nicht alle Anwendungssituationen nachbilden.

  Wo unübersichtliche oder unbekannte Daten, Ereignisse und Einflüsse eine dominierende Rolle spielen, beispielsweise bei einem Platzbuchungssystem oder bei der Notfallbehandlung in einem Kernkraftwerk, ist ein Test extrem schwierig (bis undurchführbar) oder wertlos, weil praxisfremd.

- Der Test zeigt die Fehlerursache nicht.

  Der Test liefert nur das Symptom, zeigt auf, in welchen Fällen das tatsächliche Programmverhalten vom spezifizierten abweicht. Die anschließende Lokalisierung der Fehlerursache verursacht häufig einen weit größeren Aufwand als die anschließende Beseitigung des Fehlers.

1.5 Statische Prüfungen, Reviews

Beim Testen schafft man eine Situation, in der sich der Prüfling bewähren muß. Die Fähigkeiten des Menschen werden also genutzt, um die Situation zu schaffen und um das Resultat zu beurteilen; die konkrete Ausführung des Prüflings spielt dabei je nach Testkonzept keine oder eine untergeordnete Rolle. Damit nutzt man zwar die Möglichkeiten der Maschine aus, zieht aber aus der hervorragenden, bis heute auch nicht annähernd maschinell nachgebildeten Fähigkeit des Menschen, eine komplexe Situation zu erfassen und zu beurteilen, kaum Vorteile. In diesem Sinne ist die nicht-mechanische Prüfung, das *Review,* der komplementäre Ansatz: Der Bildschirm bleibt schwarz, stattdessen werden die grauen Zellen aktiviert.

> *Similia similibus curantur*
> *(sinngemäß: Gift mit demselben Gift bekämpfen)*
> Grundsatz der Homöopathie

Software ist – mit allen in ihr enthaltenen Mängeln – aus dem menschlichen Verstand geboren. Die Mängel werden daher am wirksamsten mit dem menschlichen Verstand aufgedeckt.

Einige Vorteile der Reviews sind offensichtlich:

- Alle Entwicklungsergebnisse kann man mit Reviews prüfen.

  Das Heilmittel ist dem Erreger ähnlich und daher zweifelsfrei angemessen. Jede Art von Software, die direkt von Menschen erzeugt ist, von der Bedienungsanleitung über den Code bis hin zu den Testdaten, ist dem Review zugänglich.

- Reviews relativieren die Selbsteinschätzung der Entwickler.

  Ein Review deckt nicht nur die Schwächen des Produkts auf, sondern auch die der Entwickler. Es fördert damit eine realistische, und das bedeutet praktisch immer: bescheidenere, Selbsteinschätzung.

- Reviews nivellieren die individuellen Maßstäbe.

  Soweit das Review in einer Gruppe durchgeführt wird, bewirkt die Diskussion eine Harmonisierung der Wertmaßstäbe, also die Entstehung einer Kultur.

- Reviews zeigen Sackgassen auf und führen heraus.

  Erfahrungsgemäß erzeugt jeder Dialog einen nützlichen Druck, die eigene Position zu (er-) klären. Dadurch wird der Entwickler oft selbst auf Mängel aufmerksam, die er übersehen hat, solange er allein gearbeitet hat.

- Reviews können bereits früh im Entwicklungsprozeß durchgeführt werden.

  Reviews können durchgeführt werden, bevor ausführbare Programme zum Testen vorliegen. Dadurch kann die Latenzzeit eines Fehlers in der Entwicklung wesentlich verkürzt werden. Die Kosten für die Behebung des Fehlers sind entsprechend kleiner (vgl. Abbildung 1.5) und kompensieren den Review-Aufwand.

Diese Liste zeigt, anders beleuchtet, auch die Nachteile und Grenzen des Reviews:

- Gekaufte Software ist nur teilweise dem Review zugänglich.

  Information, die von und für Maschinen erzeugt ist, also vor allem Maschinencode, ist dem Review nicht zugänglich. Daher kann ein gekauftes Programm ohne Quellcode wohl durch Test, aber nicht durch Review geprüft werden.

- Reviews können eine Bedrohung des Einzelnen darstellen.

  Ein Review wirkt für den betroffenen Entwickler bedrohlich, er kann leicht vom Autoren zum Angeklagten werden. Wird dieser Effekt ignoriert, so treffen Reviews auf große Widerstände.

- Reviews können Gräben im Team aufreißen.

  Wo sehr unterschiedliche oder gar unvereinbare Wertmaßstäbe gelten, reißt ein Review den Graben auf. Diese an sich unerfreuliche Tatsache kann aber auch eine sehr heilsame Wirkung haben.

- Reviews bedingen Aufwand.

  Die Vorbereitung auf das Review und die Review-Sitzung selbst brauchen viel (Arbeits-) Zeit. Reviews sind also ein aufwendiges Prüfverfahren, das nicht ungeplant, nebenher erledigt werden kann.

1.6 Test und Review im Vergleich

Offenbar haben Test und Review also unterschiedliche Stärken und Schwächen: Ein Test kann für eine wohldefinierte Menge von Testfällen, die allerdings im Vergleich zur Zahl der in der Praxis möglichen Fälle immer verschwindend klein bleibt, beinharte Aussagen liefern; dazu ist der Mensch nicht in der Lage. Ihm kann es passieren, daß er einen banalen Fehler auch bei mehrfacher Prüfung übersieht und damit ein Programm "abhakt", das unter keinen Umständen funktionieren wird. Andererseits wird der Test einen konzeptionellen Fehler, der dem Leser ins Auge springt, höchstens zufällig aufdecken, wenn nämlich die Testdaten diesen Fehler "aktivieren". Die (konstruierten, nicht vorbildlichen) Beispiele in den Abbildungen 1.8a und 1.8b zeigen diese Fälle.

```
FUNCTION IstPrimzahl (A: integer): boolean;
VAR B: integer; prim: boolean;
BEGIN
  prim:= true; B:= 1;
  WHILE prim AND B * B < A DO BEGIN
    B:= B + 1; prim:= A MOD B <> 0
  END { while };
  { hier fehlt: IstPrimzahl:= prim }
END { IstPrimzahl };
```

Abb. 1.8a: Fehlerhafte Realisierung der Funktion *IstPrimzahl* (a)

Im Fall a deckt ein Testlauf sofort auf, daß die Zuweisung des Resultats an den Bezeichner der Funktion fehlt; ein menschlicher Leser übersieht dieses – für die Programmlogik eher unerhebliche – Detail sehr leicht.

```
FUNCTION IstPrimzahl (A: integer): boolean;
VAR B: integer; prim: boolean;
BEGIN
  prim:= true; B:= 2;
  WHILE prim AND (B * B) < A DO BEGIN        { < statt <= }
    IF A MOD B = 0 THEN P:= false; B:= B + 1; END;
  IstPrimzahl:= prim
END { IstPrimzahl };
```

Abb. 1.8b: Fehlerhafte Realisierung der Funktion *IstPrimzahl* (b)

Im Fall b (Abbildung 1.8b) ist es umgekehrt: Das Programm arbeitet korrekt, solange nicht das Quadrat einer Primzahl (wie 4, 9, 25, 49) getestet wird. Dieser Fehler ist einem Leser relativ leicht erkennbar. Er wird außerdem die nichtssagenden Bezeichner, das Fehlen von Kommentaren und das struktur-fremde Layout monieren, vielleicht auch die unelegante IF-Anweisung.

1.7   Begriffe und Rollen

Bei den Begriffen stützen wir uns weitgehend auf die Definitionen in (ANSI/IEEE Std 610.12-1990). Der zentralen Bedeutung wegen seien hier die (übersetzten) Definitionen von Software (aus zwei geringfügig verschiedenen Definitionen zusammengefaßt) und Fehler ("error") wiederholt:

Software = Rechner-Programme, Prozeduren, Regeln und jegliche zugehörige Dokumentation, die bei Entwicklung, Wartung und Betrieb eines Rechnersystems eine Rolle spielen.

Fehler = Eine Diskrepanz zwischen dem berechneten, beobachteten oder gemessenen Ergebnis und dem spezifizierten oder theoretisch korrekten.

Streng genommen muß man zwischen dem Fehler als Symptom (nach der obigen Definition) und dem Fehler als Ursache dieses Symptoms (mangelhafte Stelle, "bug") unterscheiden. Wir verzichten auf diese Differenzierung in der Hoffnung, daß aus dem Kontext immer eindeutig hervorgeht, welche Bedeutung des Wortes gemeint ist.

Für den Gegenstand der Prüfung verwenden wir in Anlehnung an die Qualitätssicherung:

Prüfling = jede Software oder Software-Komponente, die einer Prüfung unterzogen wird oder werden soll.

Man beachte, daß der Prüfling keine Person ist; diese Unterscheidung sollte insbesondere beim Review nicht in Vergessenheit geraten. Personen sind in diesem Kontext durch eine der folgenden Rollen gekennzeichnet. Wir verwenden der Einfachheit halber alle Rollenbezeichnungen in der männlichen Form; damit ist keine Diskriminierung beabsichtigt.

Autor = der oder die Urheber des Prüflings; ein Autorenteam wird nicht von einem einzelnen Autor unterschieden.

Manager = die Person, in deren Verantwortungsbereich der Prüfling erstellt wird; typisch der (direkte oder indirekte) Vorgesetzte des Autors oder die für die Freigabe des Prüflings zuständige Person.

Kollege = eine Person, die an der Erstellung des Prüflings unbeteiligt ist, ihn aber ganz oder bezüglich gewisser Aspekte zu beurteilen vermag. Das Wort "Kollege" deutet an, daß diese Person typisch auf gleicher Hierarchiestufe wie der Autor steht, jedenfalls nicht in einer hierarchischen Beziehung zu ihm (weder Vorgesetzter noch Untergebener).

Weitere Rollen wie Gutachter, Moderator, Aktuar werden später erläutert.

1.8 Prüfung, Fehlersuche und Korrektur

Das simpelste Konzept zur Programmentwicklung ist unter dem Schlagwort *code and fix* bekannt; man codiert, probiert und korrigiert, bis das Programm richtig zu funktionieren scheint. Was dem durchschnittlichen Hacker als eine einzige Tätigkeit erscheint (*Testen*), zerfällt bei genauerer Betrachtung in drei Schritte:

1. *Erkennen*: Ein Problem wird bemerkt
   Beispiel: Die Testresultate weichen von den erwarteten Resultaten ab.

2. *Lokalisieren*: Die Ursache wird identifiziert
   Beispiel: Es wird erkannt, daß bestimmte Daten mit dem falschen Algorithmus bearbeitet werden.

3. *Korrigieren*: Die Fehlerursache wird behoben
   Beispiel: Die Bedingung in einer Abfrage wird verändert.

Im ersten Schritt erfährt man nur, daß ein Fehler vorliegt, im zweiten, worin der Fehler besteht, und im dritten wird die Ursache beseitigt (oder kompensiert).

Prüfungen dienen wie medizinische Routineuntersuchungen ausschließlich der Feststellung, ob Fehler vorhanden sind und wie sie sich gegebenenfalls zeigen. Durch eine Entdeckung wird die Fehlerbehebung (Heilung), also die Lokalisierung (Diagnose) und Korrektur (Therapie), nur angestoßen, sie ist nicht darin enthalten.

Für diesen einfachsten und wichtigsten Grundsatz der Prüfung, ihre strikte Trennung von der Verbesserung, gibt es wenigstens drei Argumente:

a) Jede Art von Prüfung erfordert Distanz. Durch eine Korrektur wird der Ausführende selbst zum Urheber, er verliert seine Distanz und wird weniger effektiv.

b) Es ist kaum möglich, zuverlässige Aussagen über einen sich verändernden Gegenstand zu machen. Durch eine Korrektur ändert sich der zu prüfende Gegenstand, am Ende wird etwas anderes als zu Anfang geprüft.

c) Prüfen unterscheidet sich von Fehlersuche und -korrektur (Fehlerbehebung) erheblich, wie die Gegenüberstellung in der Abbildung 1.9 zeigt. Vor allem die Tatsache, daß die Prüfung frühzeitig eingeplant werden kann, verbietet es, sie mit einer weitgehend unplanbaren Aktivität zu verknüpfen. Denn wir wollen ja einen möglichst großen

Teil der Software-Entwicklung auch planerisch in den Griff bekommen.

Kriterium	Prüfung (primär Test)	Fehlerbehebung
Zweck	Fehlverhalten zeigen	Fehler ausmerzen
Anfangsbedingungen	bekannt	eventuell unbekannt
Prozeß	analytisch	deduktiv
Vorgehen	festgelegt (Methode)	individuell
Planung im Voraus	(genau) möglich	(fast) unmöglich
Dauer	zeitlich limitiert	schwer abzugrenzen
Entwurfskenntnisse	zum Teil nicht nötig	unbedingt nötig
Planen, durchführen	kann ein Outsider	muß ein Insider
theoretische Grundlagen	zum Teil vorhanden	fehlen

Abb. 1.9: Prüfung versus Fehlerbehebung (nach Beizer, 1984)

Wenn wir also diesem Buch den Titel "Software-Prüfung" gegeben haben, so ist dies ganz wörtlich gemeint: Die Behebung von Fehlern, ihre Lokalisierung und Korrektur, wird nicht behandelt.

Als weitere Einschränkung haben wir die Behandlung der Prüfung von Abläufen in der Entwicklung und Wartung von Software, z.B. in Form von Audits, ausgeklammert, einmal mehr ohne Werturteil. Wir konzentrieren uns ausschließlich auf die Verfahren zur Prüfung des Software-Produkts.

Kapitel 2

Software-Prüfung durch Tests

In diesem Kapitel sollen die Grundlagen und die ersten Schritte eines systematischen Testansatzes vermittelt werden. Viele erfahrene Programmierer werden hier einwenden, daß sie das Testen durchaus kennen – und überrascht sein von Aspekten, die ihnen bislang entgangen sind.

Womöglich sind sie danach nicht mehr naiv genug, um das Programm nach kurzem Spiel mit beruhigtem Gewissen abzuhaken, nur weil getestet wurde.

2.1 Zweck des Testens

In der Literatur finden wir folgende Definitionen für die Tätigkeit Testen:

> *Testen ist die Ausführung eines Programms mit dem Ziel,*
> *Fehler zu entdecken.*
> Myers (1979)

> *Testen ist die Vorführung eines Programms oder Systems mit dem Ziel*
> *zu zeigen, daß es tut, was es tun sollte.*
> Hetzel (1984)

Wer hat Recht? Natürlich beide. Sie reden aber nicht vom Gleichen.

2.1.1 Test versus Abnahme

Testen ist ein Prüfverfahren, bei dem ein Programm ausgeführt wird, und zwar mit dem Ziel, Fehlfunktionen sichtbar zu machen. Der erfolgreiche Test zeigt, unter welchen Bedingungen das Programm andere Resultate liefert, als wir gemäß den spezifizierten Anforderungen erwarten. Soweit hat also Myers Recht.

Bei der *Abnahme* wird ebenfalls "getestet", ein Programm wird zur Ausführung gebracht (darum spricht man auch vom *Abnahmetest*). Ziel dabei ist es jedoch, das Software-Produkt zu validieren, d.h. zu erproben, ob es den Erwartungen der Benutzer entsprechend reagiert. Der Lieferant bemüht sich, die Tauglichkeit seines Produkts zu demonstrieren und das Vertrauen des Kunden zu stärken. Somit hat auch Hetzel Recht, er meint aber die Abnahme.

Als Software-Entwickler haben wir in einem Projekt (hoffentlich) nur eine Abnahme zu bestehen; wir testen aber häufig Module, Teilsysteme und das ganze Software-System. Im folgenden sprechen wir vom Testen als einer Prüfung, die der Software-Lieferant im Sinne der Definition von Myers durchführt, und reden von Abnahme (oder Abnahmetest), wenn der Auftraggeber den Test beobachtet oder selbst durchführt.

2.1.2 Test versus Laufversuche

Nicht jede Ausführung eines Programms ist ein Test. Wenn der Programmierer mit "seinem" Programm spielt, so testet er weniger, als daß er seinem Stolz auf das Resultat schmeichelt, wie ein Kind, das die Züge über die soeben zusammengesteckten Gleise fahren läßt. In dieser Situation ist man konstruktiv, man strebt keinen Zusammenstoß im Tunnel an. Genau das aber wäre ein erfolgreicher Test.

Der Entwickler denkt bei seinen "Tests" nur an das, was er programmiert hat, und ist bemüht nachzuweisen, daß er dies richtig getan hat. Vielleicht hat er auch nur eine *Ahnung*, was er wirklich programmiert hat, und versucht experimentell herauszufinden, wie sich sein Programm in verschiedenen Situationen verhält. Er hat daher wenig Chancen, fehlende Funktionalität zu entdecken. Zudem ist er durch die Kenntnis der richtigen "Fütterung" des Programms mit Daten vorbelastet und wird darum nur wenige Fehleingaben produzieren. Seine psychische Konditionierung ist für die Testvorbereitung denkbar ungünstig.

Auch aus einem anderen Grunde kommen die Entwickler für den Test nicht in Frage: Aus ihrer Sicht hat die termingerechte Ablieferung der Software höchste Priorität, in aller Regel vor Qualitätszielen. Die meisten Programmierer werden daher im Konfliktfall lieber nur oberflächlich testen als verspätet abliefern. Unglücklicherweise wird diese Einstellung vom Management in der Regel geradezu missionarisch unterstützt.

Testen ist also keine Aufgabe für die jeweiligen Entwickler, sondern ein Job, bei dem Skrupel nicht einmal einen *moralischen* Vorteil haben; sie sind ganz einfach nur hinderlich.

Der unabhängige Prüfer bringt eher die erforderliche *destruktive* Haltung gegenüber dem Programm auf. Voraussetzung ist, daß ihn daran kein Vertrauen in den Entwickler hindert, auch dann nicht, wenn es anhand der früheren Erfahrungen berechtigt erscheint.

Der Test sollte in der Planung nicht als Zeitpuffer betrachtet werden, sondern als eine Tätigkeit, mit der möglichst viele Fehler vor dem Einsatz zu entdecken gilt. Ein Außenstehender kann dieses Ziel ganz unabhängig von der Eile des Entwicklers verfolgen. Personen, die ein vitales Interesse am möglichst fehlerfreien Produkt haben, widerstehen dem Termindruck am ehesten. Man kann organisatorisch dafür sorgen, daß die Verantwortung für das Testen solchen Personen übertragen wird. Eine gute Wahl sind Stellen, die später das Produkt selbst anwenden, beim Kunden installieren oder dessen Wartung übernehmen. Falls es keine solche Stellen gibt, kann das Qualitätswesen die Interessen der Benutzer wahrnehmen und mit dem Testen beauftragt werden.

Kein Entwickler gibt freiwillig ein Programm aus der Hand, von dessen *Lauffähigkeit* er sich nicht überzeugt hat. Diese nicht systematischen und nicht dokumentierten "Tests" sind aus Sicht des Qualitätswesens belanglos. Für den Entwickler haben sie aber einen hohen Wert. Das Ergebnis seiner geistigen Arbeit "bewegt sich und bewirkt etwas". Diese Art von selbstverständlichen und notwendigen *Laufversuchen* wird hier nicht weiter betrachtet.

Gegenstand unserer Betrachtung ist das unabhängige Testen, also ein Test, der von einer unabhängigen Person durchgeführt wird. Der Entwickler wirkt beim Test mit. Er hilft bei der technischen Vorbereitung des Tests sowie Mißverständnisse und Unklarheiten auszuräumen.

2.1.3 Dokumentation von Tests

Wenn Testen sorgfältig und daher mit beträchtlichem Aufwand betrieben wird, sollte man auch versuchen, den größtmöglichen Nutzen aus diesem Aufwand zu ziehen. Ein zentrales Element für den Nutzen von Tests stellt die Dokumentation dar. Dazu gehört die Dokumentation von Testfällen wie auch von Testresultaten. Nur bei den Laufversuchen kann man auf die Dokumentation verzichten. Tests, wie wir sie verstehen, müssen wiederholbar sein. Die Dokumentation stellt die *Bewertbarkeit* und *Wiederholbarkeit* von Tests sicher.

Wie die Arbeiten am Entwurf oder Programm sind auch die Arbeiten an Testfällen und die Testdurchführung nicht vor Fehlern gefeit. Wenn die Testfälle und die dahinter steckenden Überlegungen dokumentiert sind, sind sie nachvollziehbar und somit einer Prüfung zugänglich. Das Testergebnis hängt nicht mehr allein von der Genialität und Tagesform des Testers ab, es ist überprüfbar und reproduzierbar.

Außerdem erlaubt die Dokumentation die mehrmalige Nutzung des Aufwands für die Vorbereitung eines Tests. Heute werden mehr Programme geändert als neu geschrieben. Also müßten eigentlich mehr Tests – eventuell in angepaßter Form – wiederholt als neu entworfen werden. Der Wartungsprogrammierer kann damit belegen, daß er keine (durch den Test erkennbaren) Fehler in früher funktionierende Teile eingeschleppt hat.

Während der Entwicklung ist auch die Reproduzierbarkeit eines Tests am *unveränderten Programm* ein wichtiges Ziel. Zeigt der Test Fehler im Programm, dann muß der Entwickler in der Lage sein, den Testfall unter den gleichen Bedingungen am gleichen Programm zu wiederholen, sonst kann er den Fehler kaum lokalisieren und beheben. Darum dürfen nur Programme getestet werden, die unter *Konfigurationskontrolle* stehen. So wird sichergestellt, daß die getestete Version des Programms exakt wiederhergestellt werden kann. Dies ist auch dann unbedingt nötig, wenn der Test keine Fehler anzeigt und der Prüfling für die weitere Verwendung freigegeben werden kann.

Betrachtet man die verschiedenen Testmethoden, so vergißt man allzu schnell, daß es letztlich um das richtige Resultat geht. Darum gehört zu der Spezifikation eines Testfalls, unabhängig von der Methode, das Soll-Ergebnis, das nach dem Test mit dem Ist-Ergebnis verglichen wird. Der intuitive Ansatz "Ich sehe ja dann, ob das Resultat richtig ist!" funktioniert erfahrungsgemäß nicht, weil unser Verstand leicht korrumpierbar ist. Wir sehen, was wir sehen wollen; nur ein *auffällig* falsches Resultat springt uns ins Auge. Zur Testdokumentation gehören also:

- Die Spezifikation der Testfälle, die ausgeführt worden sind.
- Die Bedingungen, unter denen der Test durchgeführt worden ist, einschließlich aller Hilfsmittel.
- Die genaue Identifikation des Prüflings.
- Die Ergebnisse des Tests.

Diese Information wird in der *Testvorschrift* bzw. dem *Testprotokoll* untergebracht.

Die Bedeutung der Dokumentation von Tests wächst mit der Verschärfung der Gesetze auf dem Gebiet der Produkthaftung. Die Lieferanten müssen in der Lage sein, den Nachweis zu führen, daß sie dem Stand der Technik entsprechende Vorkehrungen getroffen haben, um von den Benutzern ihrer Software-Produkte Schaden abzuwenden. Dies impliziert, daß die Tests nicht nur während der Entwicklung und Wartung nachvollziehbar sein müssen, sondern solange, bis die letzte Kopie des Programms gelöscht worden ist.

2.1.4 Testgegenstand

Was ist denn eigentlich der Gegenstand unseres Tests? Vordergründig ist es ein Programm oder der Teil eines Programms. Aber das stimmt nicht. Wir denken beim Programm an den Programmtext. Getestet wird aber das Objektprogramm, d.h. das übersetzte, mit Bibliotheksroutinen angereicherte Programm. Was ausgeführt wird, ist dann der Prüfling, eingebettet in ein Betriebssystem, vielleicht im Zusammenwirken mit einem Datenbanksystem und mit Testprogrammen. Was wir also testen, ist viel mehr als das ursprüngliche Programm: Wir testen auch die verschiedenen in den Übersetzungsprozeß involvierten Werkzeuge, die Bibliotheken sowie die Testumgebung und die Testdaten. Nicht selten finden wir die ersten Fehler in der Testumgebung und den Testdaten, da diese nicht mit der gleichen Sorgfalt erstellt wurden wie der eigentliche Prüfling, das Programm.

Auch die Größe (Komplexität) ist ein wichtiger Aspekt des Testgegenstands. Im allgemeinen ist ein Programm kein monolithischer Block, sondern aus verschiedenen Komponenten aufgebaut. Gemäß der schrittweisen Entwicklung erfolgt auch der Test in Portionen. Einzelne Programmkomponenten werden getestet, bevor sie zur Integration freigegeben werden. Jede Integrationsstufe geht mit einem Test einher. Die Integration kulminiert im Zusammenbau des gesamten Produkts, das wiederum getestet werden muß.

Im weiteren wollen wir drei Stufen von Programmen oder Programmteilen unterscheiden und schauen, welche Testmethoden jeweils angemessen sind.

1. *Programmeinheiten*

   Die kleinsten für die Verwaltung von Programmen relevanten Einheiten; sie werden meist von einem einzelnen Entwickler bearbeitet und können vom Compiler als Einheit übersetzt werden. Je nach eingesetzter Programmiersprache und Größe des Projekts können unterschiedliche syntaktische Einheiten gewählt werden, z.B. Funktionen, Unterprogramme oder ganze Module ("procedure", "subroutine", "package" u.ä.).

   Den Test solcher Einheiten bezeichnen wir als *Einzeltest*. Häufig erfolgt anstelle dieses Tests nur ein Laufversuch des Entwicklers. In diesem Fall ist zu hoffen, daß die folgenden Teststufen sorgfältig durchgeführt werden.

2. *Programmkomponenten*

Sammlungen logisch zusammengehörender Daten, Unterprogramme und Funktionen, die erste Stufe der Integration. Sie können immer noch mit syntaktischen Elementen zusammenfallen (z.B. "package", "module") oder durch Definition zusammengehörige Einheiten darstellen. Ihr Test ist eine erste Stufe des *Integrationstests*.

3. *Programm*

Ganze Programme sind schließlich die größten Einheiten, die wir hier betrachten, sie werden im *Systemtest* geprüft und sind Gegenstand der *Abnahme*.

Die Aussagen dazu gelten sinngemäß auch für größere Applikationen aus vielen Programmen oder Teilsystemen.

2.2 Prinzipieller Ablauf eines Tests

Der eigentliche Test besteht aus drei Schritten (vgl. Abbildung 2.1): Vorbereitung, Ausführung und Auswertung.

Im ersten Schritt, der *Testvorbereitung*, werden die Testfälle ausgewählt, die zur Ausführung der spezifizierten Testfälle notwendigen Manipulationen in einer Testvorschrift beschrieben und das benötigte Testgeschirr (eventuell auch spezielle Hardware) einschließlich der Testdaten bereitgestellt.

Beim zweiten Schritt, der *Testausführung*, führt der Tester die spezifizierten Testfälle gemäß den Vorgaben der Testvorschrift in der angegebenen Reihenfolge aus und zeichnet die Ergebnisse im Testprotokoll auf.

In der abschließenden *Testauswertung* werden die Ist-Ergebnisse mit den Soll-Ergebnissen verglichen und die Abweichungen als potentielle Fehler notiert. Notiert man den Fehler nicht sofort, so muß man damit rechnen, daß er vergessen wird und weiterhin Schaden anrichtet. Schließlich wird die Durchführung und Dokumentation des Tests in einem Testbericht zusammengefaßt.

Diesen direkt auf das Testen ausgerichteten Arbeiten muß die *Planung* vorangehen. Die Planung legt fest, *daß* und *in welchem Umfang* getestet wird. Neben dem Aufwand, den Terminen und ausführenden Personen gehört zum Planen auch die Überlegung über das Ziel des Tests, über das Vorgehen zum Erreichen des Ziels, d.h. Art und Umfang der notwendigen Tests, sowie über die erwarteten Ergebnisse. Dies alles muß geklärt sein, bevor man an den Rechner geht und das Programm "durch die Mangel dreht".

Im Anschluß an das Testen werden die Testberichte, insbesondere die Fehler, analysiert. Zu untersuchen ist, welche Fehler am häufigsten gefunden werden oder die größten Fehlerbehebungskosten verursachen. Anhand dieser *Analyse* sind Maßnahmen zur Verbesserung des Entwicklungsprozesses einzuleiten. Sollte die Analyse ergeben, daß gewisse Programmeinheiten durch Fehlerhäufungen auffallen, dann ist ihre Neukonzeption zu erwägen.

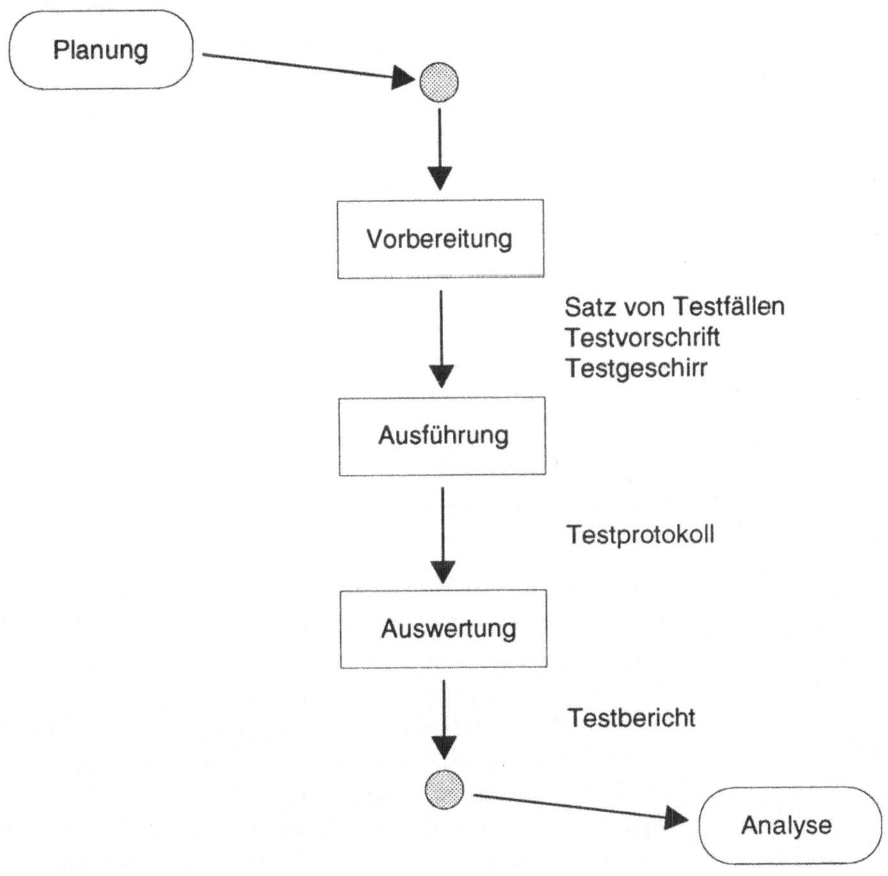

Abb. 2.1: Schematischer Testablauf

In den folgenden Abschnitten werden einige Grundlagen zu den einzelnen Schritten behandelt. Das Testgeschirr und die Inhalte der Dokumente werden anschließend im Kapitel 2.6 besprochen. Für die Analyse verweisen wir auf die Literatur zur Software-Qualitätssicherung (vgl. Hinweise im Kapitel 6.1).

2.2.1 Testvorbereitung

Die Aufgaben der Testvorbereitung sind:

- die Testfälle auswählen und spezifizieren
- das Testgeschirr bereitstellen
- das Vorgehen für die Testausführung und Testauswertung festlegen

Auswahl der Testfälle

Die zentrale Aufgabe des Testers ist die Auswahl geeigneter Testfälle. Da erschöpfendes Testen nicht möglich ist, hängt die Güte des Tests, d.h. die Zahl der festgestellten Fehler, von der Auswahl der Testfälle (Testentwurf, Spezifikation der Testfälle) ab. Das Ziel ist, mit einer möglichst kleinen Menge von Testfällen möglichst vielen Fehlern auf die Spur zu kommen.

Testen ist also eine Art Stichprobenverfahren. Bevor man an die Spezifikation von Testfällen herangeht, müssen die folgenden Fragen beantwortet werden:

1. *Wie wähle ich aus der Unzahl möglicher Testfälle eine sinnvolle Stichprobe aus?*

2. *Wie gut ist die Menge der gewählten Testfälle - meine Stichprobe?*

Die erste Frage führt zu Methoden für die Testfallauswahl, die zweite zielt auf ein Kriterium für die Testgüte.

Bei der Auswahl von Testfällen können wir uns an der (angestrebten) Funktion des zu prüfenden Programms orientieren, an den vorgegebenen Eigenschaften wie Reaktionszeit, zu bewältigenden Datenmengen und ähnlichem. Wir sprechen in diesem Fall von *Black-Box-* oder Funktionstest. Einen anderen Ansatz für die Auswahl der Testfälle bietet die innere Struktur des zu prüfenden Programms, wenn uns diese zugänglich ist. Dies führt uns zum White-Box- oder *Glass-Box-* oder Strukturtest. In den Kapiteln 2.3 bis 2.5 werden die verschiedenen Verfahren zur Auswahl eines Satzes von Testfällen, das einem Kriterium der Testgüte genügt, anhand eines realistischen Beispiels detailliert erläutert.

Das Resultat der Auswahl ist die Spezifikation der Testfälle. Ein Testfall ist spezifiziert durch den Anfangszustand des Prüflings und der Umgebung, die Werte aller Eingabedaten, die notwendigen Bedienungen und die erwarteten Ausgaben.

Der Anfangszustand ist vor allem bei Programmen wichtig, die auf externe Daten in Datenbanken oder Dateien zugreifen. Die Eingaben und die notwendigen Bedienungen geben an, wann welche Eingaben zu erfolgen haben; bei interaktiven Programmen ein wesentliches Merkmal. Die erwarteten Ausgaben können Werte, Listen, Anzeigen an speziellen Geräten sein, oder es kann der *Zustand* eines Geräts sein, z.B. Magnetband zurückgespult, Drucker auf neuer Seite positioniert, usw.

Da es das Ziel des Testens ist, Fehler zu entdecken, gilt für die Bewertung eines Testfalls:

Ein Testfall ist gut, wenn er mit hoher Wahrscheinlichkeit einen noch nicht entdeckten Fehler aufzeigt.

Ein Testfall ist erfolgreich, wenn er einen noch nicht entdeckten Fehler nachweist.

Sind Fehler entdeckt worden, war der Test erfolgreich; versagt hat das Programm. Ist kein Fehler entdeckt worden, war der Test erfolglos; das Programm hat die Prüfung bestanden.

Testgeschirr bereitstellen

Nachdem die anspruchsvollste der Aufgaben in der Testvorbereitung bewältigt ist, müssen Vorkehrungen getroffen werden, damit die spezifizierten Testfälle überhaupt und mit vertretbarem Aufwand ausgeführt werden können. Hierzu gehört die Bereitstellung des Testgeschirrs und die Festlegung des Vorgehens bei der Testausführung.

Für alle ausgewählten Testfälle muß sichergestellt sein, daß sie, notfalls unter Zuhilfenahme von Testgeschirr (in Form von Testdaten, Testtreibern und Teststümpfen), ausgeführt werden können. Die Aufwendungen für das Testgeschirr dürfen nicht unterschätzt werden. Bei sicherheitskritischen Programmen machen sie bis zu 30 % des Aufwandes für das eigentliche Produkt aus. Manch eine der größeren Banken beschäftigt ein ganzes Team von Mitarbeitern mit der einen Aufgabe, ein Testgeschirr (für alle Applikationen) zu unterhalten.

Testvorgehen bestimmen

Bei der Bestimmung des Testvorgehens verfolgt man das Ziel, den für die Testausführung benötigten Zeitaufwand zu minimieren. Dies ist durch die minimale Anzahl Testfälle nicht automatisch erreicht. Die "Umbauzeiten" des Testgeschirrs und die Schaffung der erforderlichen Anfangsbedingungen für die einzelnen Testfälle können unnötigen Aufwand verursachen, wenn man die Testfälle nicht in einer optimalen Reihenfolge einplant.

Der Umgang mit dem Testgeschirr, das Vorgehen bei der Testausführung und die Spezifikation der Testfälle sind in der Testvorschrift dokumentiert. Das Testgeschirr selbst wird wie das Produkt behandelt, d.h. auf ähnliche Art dokumentiert und selbstverständlich unter Konfigurationskontrolle gestellt.

Nach der Testvorbereitung liegen also die folgenden Arbeitsergebnisse vor:

- ° *Testvorschrift*
- ° *Testgeschirr* (Testprogramme und Testdaten)

2.2.2 Testausführung

Die Aufgabe lautet nun, alle in der Testvorschrift spezifizierten Testfälle auszuführen und alle Ergebnisse aufzuzeichnen. Die folgenden Grundregeln sind dabei zu beachten.

> *Alle spezifizierten Testfälle soweit wie möglich ausführen, kein Abbruch des Tests nach der ersten Abweichung.*

Ein vorbereiteter Test sollte von A bis Z, d.h. mit allen Testfällen, durchgezogen werden. Nur der ganze Test ergibt eine Bestandsaufnahme über den Entwicklungsstand des Prüflings und ermöglicht das Abschätzen des Restaufwandes. Dabei müssen wir in Kauf nehmen, daß ein Fehler Teile eines Programms *ausblendet* und daher der eine oder andere Testfall für die getestete Version des Programms nicht mehr sinnvoll ist. Wird statt dessen zwischen Test und Fehlerbehebung hin- und hergesprungen, so entsteht der Eindruck, es gäbe "nur noch *einen* Fehler" zu beheben, dann sei alles in Ordnung (bis der nächste entdeckt wird).

Die Bestandsaufnahme begünstigt das Auffinden von Entwurfsmängeln, die sich durch verschiedene Testfälle offenbaren. Derart kann man ein Flickwerk vermeiden, das sich aus dem Zupflastern von grundsätzlichen Mängeln durch Flags und IF-Statements ergibt. Die Chance, die Struktur einer gewählten Lösung zu erhalten, ist bei einem einmaligen Aufräumen größer.

Die strikte Trennung von Test, Fehlersuche und Korrektur ist auch effizienter. Der oft kostspielige Auf- und Abbau des Testgeschirrs erfolgt weniger häufig. Für die Mitarbeiter stehen längere Zeiträume für die gleiche Tätigkeit zur Verfügung, die Planung der Arbeiten in dieser Phase ist bedeutend einfacher.

> *Das unveränderte Programm testen, d.h. das Programm darf für den Test nicht temporär geändert werden.*

Der Prüfling muß nach Abschluß des Tests in dem exakt gleichen Zustand integriert oder ausgeliefert werden, in dem er getestet wurde. Darum sind temporäre Modifikationen für den Test unzulässig. Das Programm kann aber dauerhafte, speziell für das Testen entworfene Bestandteile haben; solche Elemente, z.B. einen Diagnose-Stecker, kennen wir an Geräten oder Autos.

Die Aussage betrifft den Prüfling nur während des Tests. Selbstverständlich kann er für die Lokalisierung der Fehlerursache geändert werden. Ein Grund mehr für die Trennung der Arbeitsgänge Testen und Fehlerbehebung: Für die Suche nach der Fehlerursache ist eine Modifikation oft notwendig, z.B. zur Ausgabe von Kontrollmeldungen.

Das Arbeitsergebnis der Testausführung ist das *Testprotokoll*. Aus ihm ist ersichtlich:

- mit welchem Testgeschirr
- an welchem Prüfling bzw. welcher Version des Prüflings
- welche der geplanten Testfälle ausgeführt und
- welche Ergebnisse bei der Prüfung erzielt wurden

2.2.3 Testauswertung

Die letzte Aufgabe beim Testen ist der Vergleich der tatsächlichen Ergebnisse des Tests mit den erwarteten. Hierbei muß durch gründliche Untersuchung der Testergebnisse sorgfältig überprüft werden,

ob das Programm genau das tut, was es tun soll, und nichts anderes.

Gerade das "nichts anderes" macht meist sehr viel Mühe oder ist gar nicht prüfbar. Bei einer Datenbank mit einem Gigabyte Daten können wir sehr wohl prüfen, ob ein bestimmter Eintrag am richtigen Ort vorgenommen wurde; es ist aber unrealistisch, zu verlangen, daß nach jedem Eintrag die ganze Datenbank auf unerwünschte Nebenwirkungen hin untersucht wird. Es ist aber eine Aufforderung an den Tester, die Augen offen zu halten und in der Routine des Testens auch mit Überraschungen zu rechnen.

Das Arbeitsergebnis der Testauswertung ist der *Testbericht*. Neben den administrativen Angaben und der Schlußbewertung enthält er die Verweise auf alle den Test betreffenden Dokumente. Nicht vergessen sollte man, jede festgestellte Abweichung zusätzlich in Form einer *Problemmeldung* zu dokumentieren. Diese dient als Grundlage für die Planung und Kontrolle der Fehlerbehebung.

Der Vergleich der Testergebnisse kann, vor allem bei interaktiven Anwendungen, "Schritt für Schritt" mit der Testausführung erfolgen. Dann reduziert sich die Testauswertung auf das Zusammenstellen des Testberichts.

2.3 Auswahl von Testfällen

In den folgenden Abschnitten behandeln wir die einfachsten Techniken für die Bestimmung der durchzuführenden Testfälle. Kompliziertere Methoden (Stand der Wissenschaft) werden in Kenntnis des Alltags (Stand der Praxis) ausgeklammert.

Die einzelnen Methoden werden anhand eines Fallbeispiels erläutert. Es stammt aus der Praxis und wurde so weit vereinfacht, daß es in den Rahmen des Buches paßt. Trotzdem ist es geeignet, alle Methoden zu veranschaulichen.

2.3.1 Kriterien für die Auswahl

> *Der Programmierer hat drei Informationsquellen für die Auswahl der Testdaten: das Programm, seine Spezifikation und seine Kenntnis der häufigsten Programmfehler.*
> Howden (1976)

Dieses Zitat gibt uns einen ersten Hinweis, nach welchen Gesichtspunkten wir Testfälle auswählen können. Die zweite erwähnte Möglichkeit, die Testfälle aus der Spezifikation eines Programms abzuleiten, steht uns als erste offen. Sie führt zu Zielen wie

- alle Funktionen des Programms sind mindestens einmal zu aktivieren,
- alle möglichen Ausgabeformen sind mindestens einmal zu erzeugen,
- alle verschiedenen Eingabekombinationen sind zu bearbeiten,
- die Leistungsgrenzen, z.B. Reaktionszeit, verarbeitete Transaktionen pro Zeiteinheit, sind auszuloten,
- die spezifizierten Mengen sollen den minimalen und den maximalen Umfang annehmen,
- alle definierten Fehlersituationen sind zu provozieren.

Bei einem "vernünftigen" Test sind auch weitere wichtige Anforderungen zu berücksichtigen:

Installation: Kann das System mit den vorliegenden Instruktionen installiert und in Betrieb genommen werden?

Verfügbarkeit: Läuft das System die minimal geforderte Zeit ohne Störung?

Wiederinbetriebnahme: Kann das System mit den vorliegenden Instruktionen nach einer Unterbrechung wieder in Betrieb genommen werden?

Dies sind nur Beispiele. Generell gilt:

Jede (testbare) Anforderung – nicht nur funktionale – muß durch mindestens einen Testfall geprüft werden!

Gehen wir vom Programmtext aus, dann können wir versuchen, die Testfälle so auszuwählen, daß

- alle Anweisungen mindestens einmal ausgeführt werden,
- alle Grenzwerte einmal erreicht werden,
- alle Prozeduren einmal aufgerufen werden, usw.

Bei all diesen Kriterien wird die Kenntnis der Programmstruktur genutzt.

Als drittes bleibt noch die Erfahrung, was alles falsch sein könnte; dabei sind der Phantasie keine Grenzen gesetzt:

- Grenzfälle, z.B. leere Verarbeitungsschritte,
- unerwartete Eingaben, das berühmte Sich-auf-die-Tastatur-setzen,
- unerwartete Ereignisse, z.B. das Herausziehen des Kabels zum Drucker, kurzzeitiges Ausschalten des Rechners, u.ä.

In diese dritte Kategorie passen auch unerfahrene Anwender, die den Entwickler mit völlig unerwarteten Eingaben überraschen.

Beim Entwerfen von Testfällen stellt sich die Aufgabe, aus dieser Vielzahl von Möglichkeiten diejenigen Testfälle herauszulesen, durch die am ehesten weitere Fehler entdeckt werden können. Weit verbreitet ist der Entwurf der Testfälle aus der spezifizierten Funktionalität heraus, ein Ansatz, der unter Black-Box-Test behandelt wird. Tests der nicht-funktionalen Anforderungen sind weder in der Literatur noch in der Praxis systematisch behandelt. Hier wird auf die Intuition der Testdesigner vertraut.

Der Ansatz, die Testfälle aus der Programmstruktur abzuleiten, ist in der Literatur am ausführlichsten behandelt; er läuft unter dem Namen White-Box-, Glass-Box- oder auch Strukturtest. Da bei diesem Ansatz das Programm in einer formalen Notation die Basis bildet, ist hier der theoretische Ansatz und auch die Unterstützung durch Werkzeuge am besten. In der Praxis wird aus diesen Möglichkeiten jedoch wenig Nutzen gezogen. Zum einen, weil noch überraschend viele Entwickler die Technik nicht kennen, zum andern, weil diese Technik in Einzeltests sinnvoll ist, aber Einzeltests häufig nur informell durchgeführt werden.

Bevor wir in die Einzelheiten der verschiedenen Techniken einsteigen, soll das Fallbeispiel vorgestellt werden, an dem die Techniken jeweils demonstriert werden.

2.3.2 Das Fallbeispiel

Unser Fallbeispiel, ein Programm zur Prüfung von Prints (gedruckten und bestückten Schaltungen), läßt sich folgendermaßen beschreiben:

Zweck des Programms. Das Prüfprogramm wird im Prüfplatz PP-2000 eingesetzt. Es dient der Ausgangsprüfung von Prints vom Typ P-111.

Anmerkung zum Beispiel. Uns geht es hier natürlich nicht um die Prüfung von Prints, sondern um den Test des Prüfprogramms.

Übersicht. Abbildung 2.2 zeigt einen Prüfplatz PP-2000. Der Prüfplatz besteht aus einem PC mit dem Prüfprogramm, einem Prüfadapter PA-990 zum Anschluß der zu prüfenden Prints und einem Drucker. Der Prüfadapter enthält kein Programm. Er hat folgende *Bedienelemente*:

be1:	Steckplatz für einen Print vom Typ P-111
be2:	Kippschalter für die Wahl des Prüfmodus (Volltest oder Schritt)
be3:	Starttaste für das Auslösen der Prüfung

Zur Prüfung wird ein Print P-111 in den Adapter geschoben und nach dem Drücken der Starttaste im gewählten Modus geprüft. Das Ergebnis der Prüfung wird am Bildschirm angezeigt. Falls der Print fehlerhaft ist, ertönt ein Summton, und ein Fehlerprotokoll wird gedruckt.

Prüfmerkmale. Die folgenden Merkmale des Prints P-111 sind zu messen:

m1:	Widerstand
m2:	Kapazität
m3:	Verbindungen der Steckerpins
m4:	Isolation zwischen Gehäuse und den Steckerpins
m5:	...

Wir beschränken uns im folgenden auf die Merkmale m1 und m2.

Prüfungsvorbereitungen. Protokolldrucker und Prüfadapter sind vor dem PC, in dem das Prüfprogramm läuft, einzuschalten. Findet das Prüfprogramm beim Aufstarten den Drucker oder den Adapter nicht betriebsbereit vor, wird die Meldung M01 am Bildschirm ausgegeben:

(M01) "Prüfgerät oder Zeilendrucker nicht eingeschaltet!"

Andernfalls muß spätestens 60 Sekunden nach dem Einschalten des PC die Meldung M02 auf dem Bildschirm erscheinen:

(M02) "Print P-111 einlegen und Starttaste drücken!"

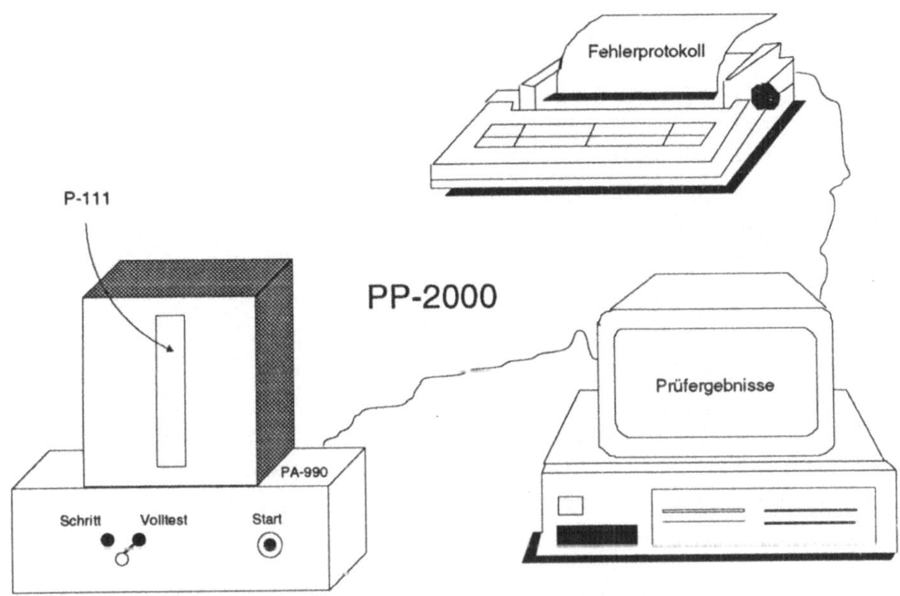

Abb. 2.2: Prüfplatz PP-2000

Prüfung des Widerstands (m1) und der Kapazität (m2). Aus 30 Messungen ist
der arithmetische Mittelwert zu bilden und zu prüfen, ob dieser innerhalb der fest eingestellten Grenzen liegt. Die folgende Tabelle zeigt die
Meldungen in Abhängigkeit vom Resultat des Vergleichs.

Mittelwert	Meldung und Meldungstext
$R < 1900\,\Omega$	*(M03)* "- Widerstand = dddd: < 1900 Ohm"
$1900 \leq R \leq 2100\,\Omega$	*(M04)* "+ Widerstand = dddd: gut"
$R > 2100\,\Omega$	*(M05)* "- Widerstand = dddd: > 2100 Ohm"
$C < 5\,nF$	*(M06)* "- Kapazität = dddd: < 5 nF"
$5 \leq C \leq 15\,nF$	*(M07)* "+ Kapazität = dddd: gut"
$C > 15\,nF$	*(M08)* "- Kapazität = dddd: > 15 nF"

Prüfmodi. Es werden durch die Stellung des Schalters am Prüfadapter zwei
Prüfmodi unterschieden: Volltest und Schrittmodus.

Volltest. Die Prüfungen aller Merkmale werden nacheinander durchgeführt. Wurden keine Fehler gefunden, ist die Meldung

> *(M09)*   "Print ist o.k.!"

auszugeben und das System ist bereit für die nächste Prüfung.

Im Fall eines Fehlers ist pro Fehler die entsprechende Fehlermeldung (M03, M05, M06, M08) auszugeben, begleitet von einem Summton, und der anschließenden Meldung

> *(M10)*   "Print fehlerhaft!"

Auf dem Protokolldrucker ist zudem das Fehlerprotokoll nach der firmeninternen Norm *ABC-010.769* auszugeben.

Schrittmodus. Die Prüfung der einzelnen Merkmale wird durch Drücken der Starttaste ausgelöst. Während der Prüfungen werden die einzelnen Meßwerte am Bildschirm ausgegeben, je 6 auf einer Zeile. Das Resultat jeder einzelnen Prüfung ist ebenfalls anzuzeigen.

Im Falle eines Fehlers wird die Prüfsequenz durch die Meldung M10 mit Fehlerprotokoll abgeschlossen.

Schnittstelle zwischen Prüfprogramm und Prüfadapter:

digitale Eingänge:

de1:	Position Schalter; de1 = 1 bedeutet Volltest
de2:	Status Prüfadapter; de2 = 1 bedeutet eingeschaltet
de3:	Starttaste; de3 = 1 solange Taste gedrückt

analoge Eingänge:

ae1:	Widerstandswert unskaliert
ae2:	Kapazität unskaliert

Schnittstelle zwischen Prüfprogramm und Drucker, Bildschirm sowie Summer: Diese Schnittstelle wird durch Prozeduren des verwendeten Betriebssystems realisiert:

Eingang vom Printer: GetPrinterStatus (Status);
    Dabei bedeutet der gemeldete Status:
        3 = o.k.,
        2 = Problem in der Papierführung,
        1 = kein Papier,
        0 = ausgeschaltet

Ausgang zum Printer: Print (Argument);

Ausgang zum Bildschirm: Display (Argument);

Ausgang zum Summer: Bell (Dauer);
  Dauer gibt die gewünschte Zeit (msec) des Summens an.

Andere Anforderungen. Der Meßplatz ist gemäß den Richtlinien für Prüfmittel, *ABC-13.253*, zu erstellen.

2.4 Black-Box-Test

Beim Black-Box-Test geht man von den funktionalen Anforderungen an das
Programm aus, d.h. von der Interaktion des Programms mit seiner Umgebung und seiner Wirkung auf diese. Die Auswahl der Testfälle richtet sich
nach den Eingaben, Ausgaben und ihrer funktionellen Verknüpfung (vgl.
Abbildung 2.3).

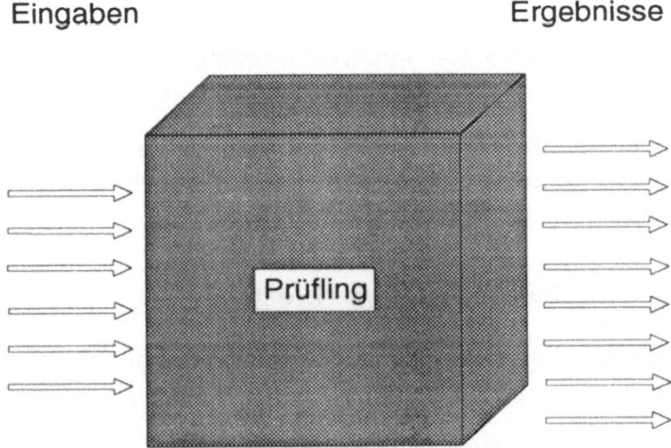

Abb. 2.3: Black-Box-Test

Basierend auf der Information, die der Spezifikation entnommen werden
kann, werden folgende Kriterien für die Auswahl der Testfälle angewendet:

Funktionsüberdeckung
  Jede Funktion (im Sinne der Spezifikation) wird in mindestens einem
  Testfall ausgeführt.

Eingabeüberdeckung

Jedes Eingabedatum wird in mindestens einem Testfall verwendet. (Achtung, das bedeutet nicht: jeder mögliche Wert!)

Ausgabeüberdeckung

Jedes Ausgabedatum wird in mindestens einem Testfall erzeugt. Ausgabedatum bedeutet hier alle möglichen Ausgabearten, im Beispiel oben Bildschirm- und Druckermeldungen, Summton. Es sind nicht alle möglichen Einzelwerte dieser Ausgabearten gemeint.

Bei komplexeren Aufgaben kann das Erfüllen dieser Kriterien bereits erheblichen Aufwand verursachen. Testfälle für ein halbwegs brauchbares Textverarbeitungsprogramm so auszuwählen, daß sie eines der obigen Kriterien erfüllen, ist kein einfaches Unterfangen. Und dies, obwohl die Kriterien eher schwach sind:

- Eine Funktion muß nicht nur einzeln, sondern auch in Kombination mit den verschiedenen vorher und nachher ausgeführten Funktionen richtig sein.

- Ein Eingabedatum hat einen Gültigkeitsbereich, und die Funktion muß für den *ganzen* Gültigkeitsbereich das richtige Resultat liefern.

- Ein robustes Programm - und das sollte jedes Programm sein - muß Eingabewerte außerhalb des Gültigkeitsbereichs abfangen, also durch eine angemessene Reaktion beantworten.

2.4.1 Testfälle für Funktionsüberdeckung

Um Testfälle für Funktionsüberdeckung zu erarbeiten, kann man nach folgendem Schema vorgehen:

1. Suche in der Spezifikation der Anforderungen alle Funktionen und schreibe sie in eine Liste.

2. Suche in den Anforderungen alle Eingabe- und Ausgabegrößen.

3. Suche zu einer noch nicht ausgeführten Funktion der Liste die benötigten Eingabegrößen und die zu erzeugenden Ausgabedaten.

4. Spezifiziere die Testfälle, d.h. bestimme die Eingaben für die Funktion und die erwarteten Ausgaben. Markiere die von dem spezifizierten Testfall ausgeführten Funktionen in der Liste der Funktionen.

5. Wiederhole die Schritte 3 und 4, bis alle Funktionen der Liste in mindestens einem Testfall ausgeführt werden.

Die Liste mit den Funktionen und den Markierungen, welche Funktionen in welchem Testfall ausgeführt werden, wird am besten in Form einer Tabelle dargestellt, der sogenannten *Funktionstestmatrix*; in dieser Tabelle finden wir in einer Dimension die Funktionen, in der anderen Dimension die Nummern der Testfälle und an den Kreuzungspunkten die Verknüpfung von Testfällen und Funktionen. Abbildung 2.8 zeigt ein Beispiel.

Das Vorgehen bei der Eingabe- bzw. Ausgabeüberdeckung ist analog. Man identifiziert zuerst die Eingabe- bzw. Ausgabegrößen und sucht anschließend nach den Funktionen, die diese Daten verarbeiten bzw. erzeugen.

Fallbeispiel

Für das Beispiel des Prüfprogramms werden Testfälle für die Funktionsüberdeckung in den oben beschriebenen Schritten erstellt und geprüft.

Schritt 1:   Suche in der Spezifikation der Anforderungen alle Funktionen und schreibe sie in eine Liste.

Beim Lesen der Kurzspezifikation findet man die in der Abbildung 2.4 gelisteten Funktionen. Die Definition der Funktionen läßt einen Interpretationsspielraum. Zum Beispiel wäre es möglich, die Funktion *Widerstand prüfen* in zwei einfachere Funktionen zu zerlegen: *Widerstand messen* und *Widerstand vergleichen*.

```
f0   Gerätestatus prüfen
f1   Print anfordern
f2   Widerstand prüfen
f3   Widerstandsmeßwerte anzeigen
f4   Kapazität prüfen
f5   Kapazitätsmeßwerte anzeigen
f6   Prüfung bewerten
f7   Fehlerprotokoll ausgeben
f8   Ton ausgeben
```

Abb. 2.4: Liste der Funktionen

Der gewählte Detaillierungsgrad beeinflußt die Feinmaschigkeit des Tests und den Testaufwand. Wenn keine spezielle Fehlervermutung vorliegt, ist es durchaus sinnvoll, die umfassendere Funktion zu wählen.

Schritt 2:   Suche in den Anforderungen alle Eingabe- und Ausgabegrößen.

Die Eingaben für das Programm ergeben sich aus den Schnittstellen des Programms. Die Tabelle in der Abbildung 2.5 zeigt die Eingaben zusammen mit den Möglichkeiten für das Manipulieren der Werte am Prüfadapter bzw. am Drucker.

Name	Eingaben	Eingabe durch
SPa	de2, Status Prüfadapter	*Netzschalter*
SDr	Status Drucker	*Netzschalter, Papierzufuhr und Papierführung*
Modus	de1, Prüfmodus	*Kippschalter Prüfadapter*
Start	de3, Start	*Starttaste Prüfadapter*
R	ae1, Widerstandswert	*Prüfprint*
C	ae2, Kapazität	*Prüfprint*

Abb. 2.5: Liste der Eingabegrößen für das Prüfprogramm

In ähnlicher Art zeigt die Tabelle in der Abbildung 2.6 die Ausgaben des Programms an den Schnittstellen und den Ausgabemedien des Prüfplatzes. Da alle Eingabewerte für das Programm am Prüfadapter und Drucker eingegeben werden können und alle Ausgaben auf einem Ausgabemedium des Prüfplatzes sichtbar werden, wird für den Test kein spezieller Testaufbau benötigt.

Name	Ausgaben	Ausgabe durch
M	diverse Meldungen	*Bildschirm*
MW	Meßwerte	*Bildschirm*
FP	Fehlerprotokoll	*Drucker*
Ton	Summton	*Summer im PC*

Abb. 2.6: Ausgabegrößen des Prüfprogramms

Schritt 3:   Spezifiziere für eine noch nicht ausgeführte Funktion einen Testfall.

Der Einfachheit halber werden hier einige Testfälle mit den Eingaben und den erwarteten Ausgaben erstellt; anschließend wird überprüft, ob bzw.

welche Funktionen noch nicht berücksichtigt sind. Die Tabelle in der Abbildung 2.7 enthält den ersten Entwurf von Testfällen für das Prüfprogramm.

Da es sich bei diesem Beispiel um ein interaktives Programm handelt, können die Eingabewerte nicht einfach statisch beschrieben werden. Die erste Zeile eines Testfalls beschreibt die Eingabewerte, wie sie beim Start des Programms stehen. Falls Eingabewerte verändert werden, wird dies pro Testfall auf einer weiteren Zeile vermerkt. Zum Beispiel wird beim Testfall 3 nach der Meldung M01 durch Einschalten der Status des Prüfadapters geändert. 1,0 bedeutet in allen Testfällen, daß die Starttaste gedrückt und wieder losgelassen wird.

Testfall	Eingaben						Erwartete Ausgabe			
	SPa	SDr	Modus	Start	R	C	M	MW	Ton	FP
1	1	3	1	0 1,0	1899	16	M02 M03 M08 M10 M02	- - - - -	nein ja ja nein nein	- - - + -
2	1	3	1 0	0 1,0 1,0	2100	5	M02 M04 M07 M02	- 5x6 - 5x6 - -	nein nein nein nein nein nein	- - - - - -
3	0 1	3	1	0 1,0	8000	3	M01 M02 M05 M06 M10 M02	- - - - - -	nein nein ja ja nein nein	- - - - + -

Abb. 2.7: Testfälle für das Prüfprogramm

Schritt 4:   Prüfe anhand der Funktionstestmatrix, ob jede Funktion mindestens einmal ausgeführt wird und ob eine Reduktion möglich ist.

Die Funktionstestmatrix in der Abbildung 2.8 zeigt, welche Funktion in welchem Testfall aktiviert wird. Zu diesem Beispiel sind einige Bemerkungen angebracht.

Für jeden Testfall ist ein anderer Print erforderlich, der jeweils mit den angegebenen Widerstands- und Kapazitätswerten bestückt ist. Ihre Werte müssen außerdem mit einem kalibrierten Gerät gemessen werden, da als Teil der Prüfung kontrolliert wird, ob die Prüfeinrichtung die Werte mit der erforderlichen Genauigkeit mißt. (Ist Ihnen übrigens aufgefallen, daß diese nicht spezifiziert ist?)

Die Funktionsüberdeckung ist für dieses Beispiel kein sehr strenges Kriterium. Sie wird bereits durch die Testfälle 1 und 2 erreicht. Mit diesen Testfällen kann aber die Richtigkeit der Meldung M09 nicht geprüft werden. Das Beispiel zeigt somit, daß Funktionsüberdeckung die Ausgabeüberdeckung nicht einschließt.

		Testfall			
Funktion		1	2	3	4
f0	Geräte prüfen	X	X	X	
f1	Print anfordern	X	X	X	
f2	Widerstand prüfen	X	X	X	
f3	Widerstandsmeßwerte anzeigen		X		
f4	Kapazität prüfen	X	X	X	
f5	Kapazitätsmeßwerte anzeigen		X		
f6	Prüfung bewerten	X	X	X	
f7	Fehlerprotokoll ausgeben	X		X	
f8	Ton ausgeben	X		X	

Abb. 2.8: Funktionstestmatrix

Der Testfall gibt auch keinen Aufschluß über die Reaktion des Programms auf Ereignisse wie das Ausgehen des Papiers am Drucker, das Ausschalten des Prüfadapters während eines Tests oder das Drücken der Starttaste während einer Messung.

Aus der Definition der Meldungen ist klar, daß mindestens drei Testfälle für die Ausgabeüberdeckung notwendig sind. Bei einem korrekten Programm kann nur eine der Meldungen M03, M04 und M05 bzw. M06, M07 und M08 erzeugt werden. Abbildung 2.9 zeigt, wie nahe wir mit den drei bereits erstellten Testfällen der Ausgabeüberdeckung kommen.

Die Meldung M09 ist die einzige Ausgabe, die in keinem der drei Testfälle erzeugt wird. Wir könnten jetzt einen vierten Testfall definieren, um das Ziel zu erreichen. Ein anderer Ansatz führt aber mit drei Testfällen zum Ziel.

Das Problem liegt in der Anforderung, daß Meldung M09 nicht erzeugt wird, wenn im Schrittmodus ein Print als richtig erkannt wird. Wenn wir daher den Testfall 1 so ändern, daß er im Schrittmodus und Test 2 als Volltest ausgeführt wird, haben wir das Ziel der Ausgabeüberdeckung mit drei Testfällen erreicht. Wir empfehlen dem Leser dies als Übung auszuprobieren.

Die hier angestrebte Reduktion der Testfälle ist nicht immer ein Ziel. Andere Strategien können zu mehr Testfällen führen, z.B. das Ziel, von einem Testfall zum andern möglichst wenig zu ändern.

Ausgabe	Testfall			
	1	2	3	4
M01			X	
M02	X	X	X	
M03	X			
M04		X		
M05			X	
M06			X	
M07		X		
M08	X			
M09				
M10	X		X	
Meßwerte		X		
Ton	X		X	
Fehlerprotokoll	X		X	

Abb. 2.9: Ausgabetestmatrix

Ende Fallbeispiel

2.4.2 Äquivalenzklassen

In Myers (1979) wird die folgende Methode zur systematischen Auswahl der Testfälle für die Eingabeüberdeckung beschrieben.

Im allgemeinen ist es nicht möglich, ein Programm für *alle* Werte einer Eingabegröße zu testen, d.h. der Wertebereich einer Größe kann nicht abgedeckt werden. Bei der vorgeschlagenen Methode wird der Wertebereich der Eingabegrößen in Teilbereiche unterteilt, so daß - mutmaßlich - alle Werte eines Teilbereichs den gleichen Fehler aufdecken oder eben nicht aufdecken. Bezüglich dieser Eigenschaft sind die Werte eines Teilbereichs gleichwertig (äquivalent), sie bilden eine *Äquivalenzklasse*. Unter dieser Annahme reicht es aus, einen einzigen Wert als Repräsentanten einer Klasse zu testen.

Die Äquivalenz ist dabei hypothetisch und keineswegs gewährleistet. Die Bildung der Klassen erfolgt nach Erfahrung und Intuition, also heuristisch; sie ist nicht in strenge Regeln zu fassen. Dabei werden Klassen für gültige Eingaben definiert, d.h. Eingaben im definierten Wertebereich, sowie für ungültige Eingaben, d.h. Werte außerhalb des gültigen Eingabebereichs und daher vom Programmierer nicht unbedingt berücksichtigt.

Folgende Empfehlungen und Beispiele (vgl. Abbildung 2.10) für den Eingabebereich sollen helfen, ein Gefühl für das Vorgehen zu vermitteln.

Äquivalenzklassen für Eingaben bestimmen

1. Man suche die Anforderungen nach den spezifizierten Eingabegrößen und ihren Gültigkeitsbereichen ab. Die Grenzen des Gültigkeitsbereichs trennen die Äquivalenzklassen gültiger und ungültiger Eingaben.

   Die Beispiele in der Abbildung 2.10 sollen die Richtung weisen.

2. Wenn man, aus welchen Gründen auch immer, annehmen kann, daß die Werte in einer Äquivalenzklasse nicht gleich behandelt werden, unterteile man diese.

   Zum Beispiel ist die Klasse der gültigen Werte im Fall c) der Abbildung 2.10 in drei Klassen zu unterteilen, wenn man vermutet, daß die drei Werte nicht gleichartig behandelt werden; entsprechend kann die Klasse ungültiger Werte im Fall d) weiter aufgeteilt werden.

3. Die einzelnen Funktionen benötigen einen Satz von Eingabedaten, die in einer definierten Beziehung zueinander stehen können. Der Datensatz kann eine gültige oder ungültige Kombination darstellen.

   Zum Beispiel müssen die drei Seiten eines Dreiecks der Dreiecksungleichung genügen, damit die Funktion "Dreiecksfläche berechnen" mit gültigen Eingaben versorgt ist. Drei Seitenlängen, welche die Dreiecksungleichung nicht erfüllen, fallen also in eine Äquivalenzklasse ungültiger Werte.

4. Auch für die Beziehung unter den Daten gilt: Wenn man Grund zur
    Annahme hat, daß gewisse Kombinationen von Eingabedaten nicht
    gleich behandelt werden, unterteile man die Äquivalenzklasse.

In unserem Beispiel mit dem Dreieck kann man mit gutem Grund
annehmen, daß in der Funktion für die Berechnung der Fläche eines
rechtwinkligen Dreiecks ein spezieller Algorithmus verwendet wird.
Daher ist es angebracht, die Klasse *Dreiecksungleichung erfüllt* in zwei
Klassen zu zerlegen: *rechtwinklige Dreiecke* und *nicht rechtwinklige
Dreiecke*.

Der Verdacht, daß auch gleichschenklige und gleichseitige Dreiecke
speziell behandelt werden, könnte Anlaß sein, die Klasse *nicht rechtwinklige Dreiecke* in weitere Äquivalenzklassen gültiger Werte aufzu-
spalten.

---

a) *Ganzzahliger Bereich a..n*
Klasse gültiger Werte: $a \leq$ Wert $\leq n$
Klassen ungültiger Werte: Wert $< a$;   Wert $> n$

b) *Anzahl höchstens n*
Klasse gültiger Werte: $0 \leq$ Wert $\leq n$
Klassen ungültiger Werte: Wert < 0;   Wert $> n$

c) *Enumeration (Alpha, Beta, Gamma)*
Klasse gültiger Werte: Wert in {Alpha, Beta, Gamma}
Klasse ungültiger Werte: Wert nicht in {Alpha, Beta, Gamma}

unterschiedliche Behandlung der gültigen Werte vermutet:
Klassen gültiger Werte: Wert = Alpha,
                                Wert = Beta,
                                Wert = Gamma

d) *"1. Zeichen muß ein Buchstabe sein"*
Klasse gültiger Werte: Wert mit 1. Zeichen = Buchstabe
Klasse ungültiger Werte: Wert mit 1. Zeichen $\neq$ Buchstabe

unterschiedliche Behandlung der ungültigen Werte vermutet:
Klassen ungültiger Werte: Wert mit 1. Zeichen = Ziffer
                                Wert mit 1. Zeichen = Sonderzeichen

---

Abb. 2.10: Bildung von Äquivalenzklassen

5. Äquivalenzklassen gültiger Werte können überlappen. Bei der Bildung von Äquivalenzklassen ist es nicht immer möglich und sinnvoll, die Klassen so zu wählen, daß sie nicht überlappen.

Zum Beispiel können wir eine Klasse *extrem spitzwinklige Dreiecke* definieren, d.h. eine Klasse von Dreiecken, bei denen die Länge von zwei Seiten um Faktoren größer ist als die Länge der dritten Seite. Bei dieser Definition sind extrem spitzwinklige und dabei gleichschenklige Dreiecke in den Klassen *extrem spitzwinklige Dreiecke* und *nicht rechtwinklige Dreiecke* enthalten.

Testfälle spezifizieren

Sind alle Äquivalenzklassen definiert, dann ist ein Satz von Testfällen auszuwählen, der folgendem Kriterium genügt:

Jede Äquivalenzklasse der Eingabedaten wird in mindestens einem Testfall berücksichtigt.

Die Testfälle werden genau wie bei der Funktionsüberdeckung spezifiziert. Bei den gültigen Eingabewerten kann man dabei in der Regel "viele Fliegen auf einen Schlag" treffen, d.h. ein Testfall kann mehrere Klassen gültiger Werte abdecken. Bei den Klassen ungültiger Werte geht das nicht, da in der Regel nur *eine* Fehlersituation zum Zug kommt. Sie müssen also einzeln getestet werden. Daher benötigt man bei p Klassen gültiger und q Klassen ungültiger Eingaben mindestens $1+q$ und höchstens $p+q$ Testfälle.

Wahl der Repräsentanten

Für jeden Testfall muß aus jeder betroffenen Äquivalenzklasse ein Wert bestimmt werden. Wenn eine Äquivalenzklasse in mehreren Testfällen angesprochen ist, dann wählt man unterschiedliche Werte aus. Für eine Gleitkomma-Eingabe wird man z.B. auch einmal eine ganze Zahl auswählen. Man wird bestrebt sein, mit den ausgewählten Werten den ganzen Eingabebereich abzudecken.

Erfahrungsgemäß sind die Grenzwerte besonders erfolgreiche Testdaten (d.h. offenbaren öfter Fehler). Diese Werte sind also bei der Wahl der Repräsentanten zu bevorzugen. In der Abbildung 2.11 sind einige Beispiele aufgeführt.

In den Fällen c und d ist damit zu rechnen, daß die leeren Strukturen anders behandelt werden. Daher sind auch das Einzelzeichen und die Liste mit einem Element als Grenzwerte zu behandeln und zusätzlich zu testen.

In iterativ oder rekursiv aufgebauten Datenstrukturen (z.B. Felder, Dateien, Bäume) ist den Einträgen am Rande (erstes und letztes Feld- oder

Dateielement, Wurzel und Blätter des Baumes) besondere Aufmerksamkeit zu widmen. Sie werden sehr oft falsch behandelt.

Bei den Äquivalenzklassen von Ausgabedaten versucht man, die *Ausgabebereiche* vollständig auszuloten, also beispielsweise das minimale und das maximale Ergebnis zu erzeugen. Dies kann aber bei komplizierten Algorithmen ein sehr mühsames Ermitteln der erforderlichen Eingabewerte bedingen; oft ist es praktisch unmöglich.

---

a) Bereich "reeller" Zahlen: *-1.0 .. 1.0*
ergibt 4 Repräsentanten: -1.001, -1.000, 1.000, 1.001
(bei Genauigkeit 0.001)

b) Bereich natürlicher Zahlen: 1 .. 255
ergibt 4 Repräsentanten: 0, 1, 255, 256

c) Zeichenkette: *maximale Länge 10*
ergibt 4 Repräsentanten: Ketten der Länge 0, 1, 10, 11

d) Liste: *maximal 1000 Elemente*
ergibt 4 Repräsentanten: Listen der Länge 0, 1, 1000, 1001

Abb. 2.11: Auswahl von Grenzwerten

Vollständigkeit prüfen

Die Überprüfung, ob alle Äquivalenzklassen überdeckt sind, erfolgt mit Hilfe einer Eingabetestmatrix (oder Ausgabetestmatrix), die der Funktionstestmatrix in Abbildung 2.8 sehr ähnlich ist. Statt Funktionen werden die definierten Äquivalenzklassen aufgeführt (vgl. Abb. 2.15).

2.4.3 Testfallauswahl für Eingabeüberdeckung

Das Vorgehen mit Äquivalenzklassen (für Eingabedaten) läßt sich wie folgt zusammenfassen:

1. Identifiziere in der Spezifikation alle Eingabedaten.

2. Suche für jedes Eingabedatum den spezifizierten Gültigkeitsbereich.

3. Bestimme für jedes Eingabedatum die Äquivalenzklassen gültiger und ungültiger Werte. Trage sie in die Eingabetestmatrix ein.

4. Identifiziere in der Spezifikation alle Funktionen.

5. Suche für jede Funktion die benötigten Eingaben und die zu erzeugenden Ausgaben.

6. Bestimme für jede Funktion die Beziehungen zwischen ihren Eingabedaten.

7. Bestimme für jede Beziehung die Äquivalenzklassen gültiger und ungültiger Kombinationen von Eingabewerten. Trage sie in die Eingabetestmatrix ein.

8. Spezifiziere einen Satz von Testfällen und vermerke in der Eingabetestmatrix, welche Äquivalenzklassen von den Testfällen abgedeckt sind. Beachte:

   a) Ein Testfall darf nur eine einzige Äquivalenzklasse ungültiger Werte berücksichtigen. Der Vermerk in der Eingabetestmatrix darf nur diese als abgedeckt kennzeichnen, auch wenn Werte aus Äquivalenzklassen gültiger Werte im Testfall benötigt werden.

   b) Trachte danach, Testfälle zu finden, die möglichst viele der bisher nicht berücksichtigten Äquivalenzklassen gültiger Werte abdecken.

9. Prüfe anhand der Eingabetestmatrix, ob mit dem bereits spezifizierten Satz von Testfällen die Überdeckung erreicht ist. Falls nicht, spezifiziere weiter, bis dies der Fall ist.

Die Festlegung der Äquivalenzklassen bestimmt weitgehend die Anzahl der Testfälle. Die Minimierung des Satzes von Testfällen erreicht man durch die gleichzeitige Abdeckung von Äquivalenzklassen der Eingabedaten und ihrer Kombinationen sowie über Funktionen hinweg, wenn sich die Eingabebereiche mehrerer Funktionen überlappen.

Fallbeispiel

Wendet man obige Anweisung auf das Beispiel an, erhält man als Resultat der Schritte eins bis drei die in Abbildung 2.12 gezeigten Klassen.

Bei den Meßwerten R' und C' wurde berücksichtigt, daß das Programm den Widerstands- und Kapazitätswert über einen Analog/Digital-Wandler einliest. Diese Rohwerte müssen vom Programm skaliert werden, d.h. in Ohm und Nanofarad (nF) umgerechnet werden. Der A/D-Wandler hat eine Auflösung von 12 Bit, d.h. nur Werte im Bereich *0..4095* werden als Rohwerte geliefert. Dieser Bereich wurde in drei Äquivalenzklassen unterteilt und zwar in Bereiche zu kleiner, richtiger und zu großer Werte.

Die mit einem Stern markierten ungültigen Werte können nicht direkt mit der Testanordnung erzeugt werden; sollen diese Werte getestet werden, müssen wir das Programm in ein anderes Testgeschirr einspannen. Für dieses Beispiel stellt sich die Frage nach dem Sinn solcher Testfälle. Die ungültigen, mit einem Stern markierten Eingaben können nicht von der Prüfkonfiguration eingegeben werden. Sie entstehen höchstens durch Fehler in der Hardware des Rechners oder in Routinen des Betriebssystems. Ist die Robustheit des Programms gegen solche Fehler von Bedeutung, so sind Testfälle für diese Situation sehr wohl angebracht.

Eingabe	Nr	Wert gültig?	Äquivalenzklassen	
			Definition	
SPa	1	ja	1	Prüfadapter ok
	2	nein	0	Prüfadapter aus
	3	nein *	< 0	undefinierter Statuswert
	4	nein *	> 1	undefinierter Statuswert
SDr	5	ja	3	Drucker ok
	6	nein	(0; 1; 2)	Drucker nicht bereit
	7	nein *	< 0	undefinierter Statuswert
	8	nein *	> 3	undefinierter Statuswert
Modus	9	ja	(0; 1)	Modus Volltest/Einzelschritt
	10	nein *	< 0	undefinierter Moduswert
	11	nein *	> 1	undefinierter Moduswert
Start	12	ja	(0; 1,0)	Starttaste in Ruhestellung bzw. drücken und loslassen der Taste
	13	nein	1	Taste immer gedrückt, verklemmt
	14	nein *	< 0	undefinierter Wert
	15	nein *	> 1	undefinierter Wert
R'	16	ja	0 .. 252	zu klein
	17	ja	253 .. 280	richtig
	18	ja	281 .. 4095	zu groß
	19	nein *	< 0	undefinierter Meßwert
	20	nein *	> 4095	undefinierter Meßwert
C'	21	ja	0 .. 45	zu klein
	22	ja	46 .. 521	richtig
	23	ja	522 .. 4095	zu groß
	24	nein *	< 0	undefinierter Meßwert
	25	nein *	> 4095	undefinierter Meßwert

Abb. 2.12: Äquivalenzklassen der Eingabegrößen

Die Kombination der Eingabegrößen in einem Programmablauf ergibt weitere Äquivalenzklassen gültiger und ungültiger Eingaben. Von besonderem Interesse sind Kombinationen richtiger und falscher Meßwerte sowie Statusmeldungen von Geräten, die ein Problem anzeigen. Das Programm hat außerdem eine interaktive Schnittstelle. Daher entscheidet bei den Eingabegrößen nicht nur der Wert, sondern teilweise auch der Zeitpunkt, ob eine Eingabe gültig oder ungültig ist. Diese Überlegungen führen zu den Äquivalenzklassen in der Abbildung 2.13 als Resultat der Schritte vier bis sieben.

Äquivalenzklassen		
Nr	Werte gültig?	Definition
26	ja	eine Meßgröße im richtigen Bereich, die andere außerhalb des richtigen Bereichs
27	nein	Prüfadapter während einer Messung ausschalten
28	nein	Drucker während Ausgabe nicht bereit, z.B. Papier aus
29	nein	Prüfmodus während Test umschalten
30	nein	Starttaste bei laufender Messung drücken

Abb. 2.13: Weitere Äquivalenzklassen

Mit dem Aufstellen der Äquivalenzklassen ist der kreative Teil der Arbeit erledigt. Die Testfälle, die die einzelnen Klassen abdecken, ergeben sich unter Beachtung der Schritte acht und neun fast von allein. Vergleicht man die Definition der Äquivalenzklassen und die Testfälle, so sieht man den Vorteil der Definition der Klassen: Die Testhypothese (Fehlervermutung) wird sichtbar und für einen Leser nachvollziehbar. Bei einem Testfall mit seinen Daten und Resultaten sind die Überlegungen, die zu seiner Definition geführt haben, im allgemeinen nicht sichtbar.

In der Abbildung 2.14 sind einige Testfälle dargestellt. Die ersten drei entsprechen den Testfällen aus Abbildung 2.7, unter Berücksichtigung der nachträglichen Optimierung (Testfall eins nun im Schrittmodus und Testfall zwei als Volltest) und decken damit alle Funktionen sowie alle Ausgaben ab. Die ersten vier Testfälle decken alle Äquivalenzklassen gültiger Eingaben ab. Für die ungültigen Eingaben müssen gemäß Schritt acht des angegebenen Vorgehens einzelne Testfälle spezifiziert werden. Testfälle fünf und sechs in der Abbildung 2.14 dienen als Beispiel.

	Eingaben						Erwartete Ausgabe			
Testfall	SPa	SDr	Modus	Start	R'	C'	M	MW	Ton	FP
1	1	3	1	0	252	45	M02	-	nein	-
			0	1,0				5x6	nein	-
							M03	-	ja	-
				1,0				5x6	nein	-
							M06	-	ja	-
							M10	-	nein	+
							M02	-	nein	-
2	1	3	1	0	280	521	M02	-	nein	-
				1,0			M04	-	nein	-
							M07	-	nein	-
							M09	-	nein	-
							M02	-	nein	-
3	1	3	1	0	4095	522	M02	-	nein	-
				1,0			M05	-	ja	-
							M08	-	ja	-
							M10	-	nein	+
							M02	-	nein	-
4	1	3	1	0	281	46	M02	-	nein	-
				1,0			M05	-	ja	-
							M07	-	nein	-
							M10	-	nein	+
							M02	-	nein	-
5	1	0	1	0	253	0	M01	-	nein	-
		3					M02	-	nein	-
				1,0			M04	-	nein	-
							M06	-	ja	-
							M10	-	nein	+
							M02	-	nein	-
6	1	3	0	0	270	50	M02	-	nein	-
				1,0				5x6	nein	-
							M04	-	nein	-
				1,0				5x6	nein	-
		0					?	?	?	?
:										

Abb. 2.14: Testfälle, die aus Äquivalenzklassen abgeleitet sind

Die Eingabetestmatrix in Abbildung 2.15 zeigt die Zuordnung von Testfällen zu den Äquivalenzklassen. In der Tabelle sind zuerst die Klassen gültiger Werte aufgeführt. Von diesen können mehrere durch einen Testfall abgedeckt sein. Für die Klassen ungültiger Werte muß für jede Klasse ein eigener Testfall definiert werden.

Klasse Nr.	Testfälle									
	1	2	3	4	5	6	...			
1	X	X	X	X						
5	X	X	X	X						
9	X	X	X	X						
12	X	X	X	X						
16	X									
17		X								
18			X	X						
21	X									
22		X		X						
23			X							
26				X						
2						X				
3										
4										
6					X					
:										

Abb. 2.15: Eingabetestmatrix

Das Erstellen der Testfälle für die noch nicht abgedeckten Äquivalenzklassen wird hier als Übung empfohlen.

Ende Fallbeispiel

2.5 Glass-Box-Test

Beim Glass-Box-Test geht man von der Kenntnis der inneren Struktur des Programms aus, die Auswahl der Testfälle richtet sich nach den Ablaufmöglichkeiten des Programms. Hier werden also die Äquivalenzklassen so gebildet, daß Daten in derselben Klasse die Ausführung gleicher Folgen von Befehlen bewirken und beispielsweise in einer Verzweigung zur selben Entscheidung führen. Zentrales Element für die Auswahl von Testfällen beim Glass-Box-Test ist der Ablaufgraph des Programms.

Zum leichteren Verständnis wird der Glass-Box-Test hier so erläutert, wie er von Hand durchzuführen wäre. In der Praxis setzt man Werkzeuge ein (siehe Kapitel 4.3.4) und geht pragmatisch vor: Man stellt fest, welche Überdeckung durch den Black-Box-Test bereits erreicht wird und ergänzt dann die Testfälle gezielt. Diagramme wie in Abb. 2.16 ff. werden dabei nicht benötigt.

2.5.1 Ablaufgraph

Der Ablaufgraph eines Programms entspricht einem Flußdiagramm, von Interesse sind jedoch die Verzweigungen und nicht die Einzelheiten der Verarbeitung des Programms. Daher werden nur die Verzweigungen im Programmablauf (if, case, while, etc.) sichtbar gemacht, die einzelnen Verarbeitungsschritte jedoch ausgeblendet.

Im Ablaufgraph werden Anweisungen als Knoten und die Übergänge zwischen Anweisungen als Kanten (*Zweige*) dargestellt. Die Auswahl-kriterien legen fest, welche Wege aus der Vielzahl der möglichen Wege durch den Ablaufgraphen (*Programmpfade*) durch die Testfälle ausgewählt werden sollen.

Die Regeln für die Darstellung von Anweisungen in einem Ablauf-graphen zeigt die Abbildung 2.16. Anfang und Ende der Programmeinheit bilden je einen Knoten. Der Aufruf eines Unterprogramms wird wie eine Zuweisung behandelt.

Die Anweisungen eines Programms werden gemäß Abbildung 2.16 dar-gestellt und so miteinander verknüpft, wie im Programm die Reihenfolge der Anweisungen angegeben ist. Dabei sind folgende Punkte zu beachten:

a) Eine *goto*-Anweisung wird nicht durch einen Knoten dargestellt, sie hat nur Einfluß auf die Verbindung von zwei Anweisungen.

b) Zur Vereinfachung können zwei aufeinander folgende einfache Anweisungen zu einem Knoten zusammengefaßt werden, sofern keine der Anweisungen als Ziel eines Sprungs oder Eingang in die Programmeinheit benutzt wird. Bei dieser Vereinfachung gehen keine Verzweigungen verloren, es kommen auch keine neuen dazu.

Auf diese Art kann ein Graph soweit vereinfacht werden, wie die Anwen-dung und eine sinnvolle Darstellung bedingen. Er enthält in jeder Stufe der

Vereinfachung die Information, die zur Bestimmung der Testfälle benötigt wird.

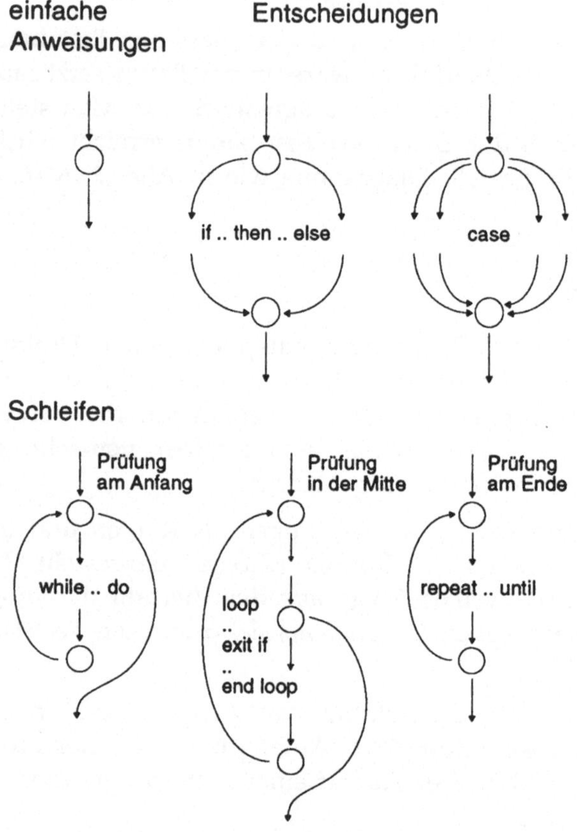

Abb. 2.16: Darstellung von Anweisungen im Ablaufgraphen

Fallbeispiel

Für die Programmeinheit *PrüfeWiderstand* aus unserem Fallbeispiel soll der Ablaufgraph erstellt werden. Abbildung 2.17 zeigt die Prozedur, die zunächst 30 Messungen ausführt, dann den Mittelwert berechnet und abschließend prüft, ob das Resultat im geforderten Intervall liegt. Bei der Notation handelt es sich um eine Mischung aus Pascal und Ada; sie sollte trotzdem verständlich sein. Die Nummern am Zeilenanfang gehören natürlich nicht zum Programm. Bei strukturierten Anweisungen wird das Ende der Anweisung, an dem die verschiedenen Ablaufzweige wieder zusammenkommen, durch die mit einem *e* erweiterte Nummer der Anweisung gekennzeichnet.

Die Anwendung der oben definierten Abbildungsregeln führt zu dem in Abbildung 2.18 dargestellten ausführlichen Ablaufgraphen.

```
      procedure PrüfeWiderstand
                (var Widerstand: Real;
                 var WiderstandStatus: WertStatus);
      const
        AnzMessungen   = 30;
        MinWiderstand  = 1900.0;
        MaxWiderstand  = 2100.0;
        SkalWiderstand = 7.5;
      var
        z              : Integer;
        MessWert       : Integer;
        Summe          : Integer;
 1    begin
        {-- Lies Messwerte und berechne Mittelwert}
 2       Summe:= 0;
 3       for z:= 1 to AnzMessungen do
 4         MessWert:= AE1;
 5         Summe:= Summe + MessWert;
 6         if Schrittest then
 7           GibAus6(MessWert * SkalWiderstand);
 6e        end if;
 3e      end for;
 8       Widerstand:= (Summe / AnzMessungen)
                      * SkalWiderstand;
        {-- Vergleiche Widerstandswert:}
 9       WiderstandStatus:= Gut;
10       if (Widerstand < MinWiderstand) then
11        WiderstandStatus:= ZuKlein;
         else
12         if (Widerstand > MaxWiderstand) then
13           WiderstandStatus:= ZuGross;
12e        end if;
10e      end if;
14       AusgabeWiderstand(WiderstandStatus, Widerstand);
 1e   end procedure;
```

Abb. 2.17: Programmeinheit des Fallbeispiels

Der Ablaufgraph kann durch Anwendung folgender Regeln vereinfacht werden:

1. Knoten, die einen Eingang oder einen Ausgang der Programmeinheit darstellen, dürfen nicht zusammengefaßt werden.

2. Folgen einfacher Knoten, d.h. Knoten mit nur einem Eingang und einem Ausgang, können zu einem Knoten zusammengefaßt werden.

3. Anweisungsend-Knoten (e-Knoten) können mit nachfolgenden einfachen Knoten zusammengefaßt werden.

Die Anwendung der Vereinfachungsregeln ergibt den Ablaufgraphen in Abbildung 2.19. Die Bezeichnungen der (verbliebenen) Knoten wurden beibehalten, die kleinen Buchstaben $a .. n$ kennzeichnen die Zweige. Dabei ist ein Zweig eine Verbindung zweier - nicht einfacher - Knoten. Die Zweige ohne ausführbare Anweisungen sind gestrichelt dargestellt (z.B. Zweig d).

Aus der Abbildung 2.19 sieht man, daß es unter Berücksichtigung des Inhalts der Programmzeile 3 höchstens 3×2^{30} Pfade von Knoten 1 zum Knoten $1e$ geben kann. Die Pfade sind in der Abbildung 2.20 angedeutet.

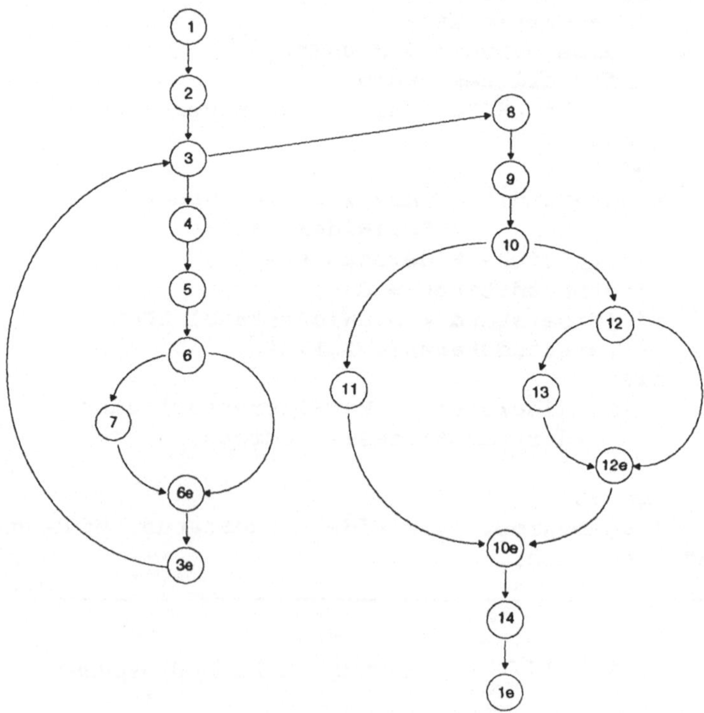

Abb. 2.18: Ausführlicher Ablaufgraph

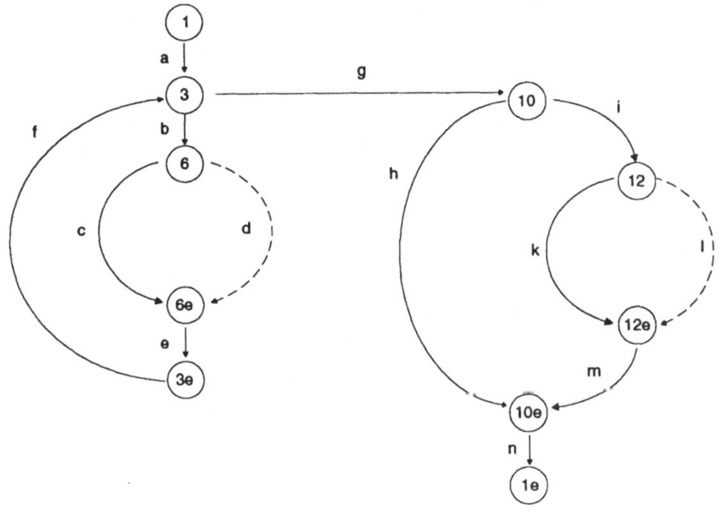

Abb. 2.19: Vereinfachter Ablaufgraph

Pfad	berücksichtigte Zweige
(P1)	a 30(b c e f) g h n
(P2)	a 30(b c e f) g i k m n
(P3)	a 30(b c e f) g i l m n
(P4)	a 30(b d e f) g h n
(P5)	a 30(b d e f) g i k m n
(P6)	a 30(b d e f) g i l m n
(P7)	a 29(b c e f) (b d e f) g h n
(P8)	a 29(b c e f) (b d e f) g i k m n
(P9)	a 29(b c e f) (b d e f) g i l m n
(P10)	a 29(b d e f) (b c e f) g h n
...	

Abb. 2.20: Pfade durch die Programmeinheit des Fallbeispiels

Die Pfade *P1* bis *P3* durchlaufen die Schleife 30 mal durch den Zweig *c* und unterscheiden sich in ihrem Weg vom Knoten *10* zum Knoten *1e*; *P4* bis *P6* entsprechen *P1* bis *P3*, benutzen jedoch den Zweig *d* statt *c*; die weiteren Pfade durchlaufen in der Schleife die Zweige *c* und *d* je mindestens einmal.

Bei jedem der 30 Schleifendurchläufe haben wir zwei mögliche Zweige, das gibt 2^{30} Möglichkeiten, die Schleife zu durchlaufen. Nach jedem möglichen Weg durch die Schleife haben wir drei weitere Wege bis zum Knoten *1e*, daher der Faktor drei.

Die Auswahlkriterien helfen nun, aus der in den meisten Fällen sehr viel größeren Zahl von möglichen Pfaden die *erfolgversprechenden* Testfälle auszulesen.

Ende Fallbeispiel

2.5.2 Auswahlkriterien

Basierend auf dem Ablaufgraphen werden folgende Auswahlkriterien definiert:

Anweisungsüberdeckung
Jeder Knoten des Ablaufgraphen und damit jede Anweisung des Programms wird in mindestens einem Test durchlaufen.

Zweigüberdeckung
Jeder Zweig, d.h. jede Verbindung zwischen zwei Knoten des Ablaufgraphen, wird in mindestens einem Test durchlaufen.

Pfadüberdeckung
Jeder mögliche Pfad durch die Programmeinheit wird in mindestens einem Test durchlaufen.

Die Anweisungsüberdeckung ist das schwächste dieser drei Kriterien. Für Programme, die keine toten, d.h. nicht erreichbaren Anweisungen enthalten, ist diese Überdeckung erreichbar. Im obigen Beispiel reichen die Pfade *P1* und *P2* für eine Anweisungsüberdeckung. Dabei ist zu berücksichtigen, daß die Zweige *d* und *l* keine Anweisungen enthalten.

Die Zweigüberdeckung ist eine strengere Anforderung, falls eine Programmeinheit "leere Zweige" enthält, z.B. eine if-Anweisung ohne else-Zweig. Falls es keine leeren Zweige gibt, erfüllt ein Satz von Testfällen mit Anweisungsüberdeckung auch dieses Kriterium. In unserem Beispiel benötigt man wegen der leeren Zweige *d* und *l* einen zusätzlichen Pfad, z.B. den Pfad *P6*, für die Zweigüberdeckung.

Die Pfadüberdeckung ist das strengste der Kriterien. Ein Pfad ist eine mögliche Sequenz von Zweigen vom Anfangs- bis zum Endknoten des Graphen. Die maximale Anzahl Pfade ergibt sich aus der Kombination der Zweige.

Ob wirklich alle Pfade durchlaufen werden können, hängt davon ab, wie die Bedingungen in den Verzweigungsanweisungen voneinander abhängig sind. Wenn sich, wie im folgenden Beispiel, zwei Bedingungen gegenseitig ausschließen, sind diejenigen Pfade nicht möglich, die bei beiden Bedingungen den gleichen Wert (wahr oder unwahr) erfordern. In Abbildung 2.21 ist also der Pfad, der die Zweige x und z enthält, unmöglich, wenn der Wert der Variablen *Widerstand* zwischen den beiden if-Anweisungen nicht geändert wird.

```
       :
       if (Widerstand > MaxWiderstand) then
  x       ...
       else
  y       ...
       end if;
       :
       if (Widerstand < MinWiderstand) then
  z       ...
       end if;
       :
```

Abb. 2.21: Abhängige Bedingungen, Beispiel

In unserem Fallbeispiel können von den im Ablaufgraphen theoretisch möglichen 3×2^{30} Pfaden nur die Pfade $P1$ bis $P6$ vorkommen, da die Schleife entweder immer durch den Zweig c oder durch den Zweig d durchlaufen wird. Die maßgebende Größe für die Entscheidung im Knoten 6 ist während der Ausführung der betrachteten Programmeinheit konstant.

Neben den bereits behandelten gibt es ein weiteres Überdeckungskriterium. Die *Bedingungsüberdeckung* berücksichtigt, daß eine Entscheidung von mehreren logischen Termen (oder Prädikaten) abhängen kann. Die Terme sind dabei durch logische Operatoren *(und, oder)* verknüpft. In der Literatur wird der Begriff *Bedingungsüberdeckung* uneinheitlich und meist nicht sinnvoll definiert; wir führen darum stattdessen die (Kontroll-) Termüberdeckung ein. Damit soll der Einfluß eines Terms auf eine Verzweigung geprüft werden.

Termüberdeckung
Jeder mögliche Wert eines elementaren Terms in der Bedingung einer Verzweigung bestimmt in mindestens einem Testfall das Resultat der Bedingung.

Ein elementarer Term in einer Bedingung ist ein nicht weiter zerlegbarer Teilausdruck mit einem Booleschen Wert (*TRUE, FALSE*). In der bedingten Anweisung in Abbildung 2.22 sind drei elementare Terme T_1, T_2 und T_3 enthalten, nämlich:

$$T_1 = (Nr > 1);\ \ T_2 = eof;\ \ T_3 = NewCustomer.$$

Aus diesen setzen sich als weitere Terme T_4 und T_5 zusammen:

$$T_4 = (NOT\ eof);\ \ T_5 = (Nr > 1)\ AND\ (NOT\ eof)$$

Die vollständige Bedingung bildet den Term T_6.

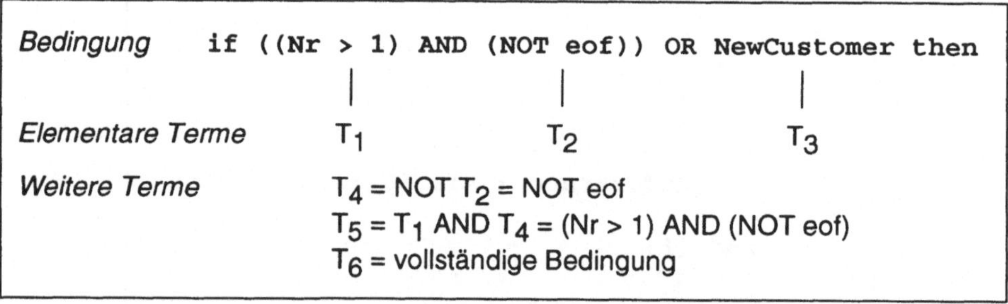

Abb. 2.22: Bedingung mit ihren Termen

Ein Term bestimmt dann das Resultat einer UND-Verknüpfung, wenn der andere Term den Wert TRUE hat. In unserem Beispiel kann der Term T_1 den Wert von T_5 nur dann bestimmen, wenn der Term T_4 den Wert TRUE hat.

Das Resultat einer ODER-Verknüpfung wird dann von einem Term bestimmt, wenn der andere den Wert FALSE hat. Der Term T_5 bestimmt das Resultat der ganzen Bedingung (Term T_6) unseres Beispiels nur dann, wenn der Term T_3 den Wert FALSE hat.

Um den Einfluß von T_1 zu prüfen, müssen also folgende Bedingungen erfüllt sein:

T_1 bestimmt den Wert von T_5, das bedingt T_4 = TRUE und T_2 = FALSE;
T_5 bestimmt den Wert von T_6, das bedingt T_3 = FALSE.

Analoge Überlegungen für die beiden anderen einfachen Terme ergeben die in Abbildung 2.23 zusammengestellten Bedingungen. Die fett eingetragenen Werte bei einigen Termen stellen sicher, daß der geprüfte Term das Resultat der Bedingung bestimmt. Die abgeleiteten Werte von Termen sind durch die zur Berechnung verwendeten Terme beschrieben. Hierbei bedeuten "=" die Gleichheit und "$\neg$" die Negation. Außerdem besagt "$T_5\Rightarrow$" in den Spalten T_1 und T_2, daß die Werte von T_1 und T_2 so zu wählen sind, daß T_5 den in dieser Zeile vorgegebenen Wert FALSE bekommt.

Geprüfter Term	Werte der Terme					
	T_1	T_2	T_3	T_4	T_5	T_6
T_1	T/F	F	F	$\neg T_2$	$= T_1$	$= T_1$
T_2	T	T/F	F	$\neg T_2$	$= T_4$	$= T_4$
T_3	$T_5\Rightarrow$	$T_5\Rightarrow$	T/F	$\neg T_2$	F	$= T_3$

Abb. 2.23: Bedingungen für die Termüberdeckung

Für jeden einfachen Term gibt es zwei mögliche Testfälle mit T_i = TRUE und T_i = FALSE. Aus den Bedingungen in der Abbildung 2.23 lassen sich die Testfälle ableiten (vgl. Abbildung 2.24a). Da der Term T_4 die Negation von T_2 ist, spielt er in dieser Betrachtung keine Rolle.

Testfall	Geprüfter Term	Werte der Terme			
		T_1	T_2	T_3	T_5
1	T_1	T	F	F	
2	T_1	F	F	F	
3	T_2	T	T	F	
4	T_2	T	F	F	
5	T_3	$T_5\Rightarrow$	$T_5\Rightarrow$	T	F
6	T_3	$T_5\Rightarrow$	$T_5\Rightarrow$	F	F

Abb. 2.24a: Entwurf der Testfälle für die Termüberdeckung

Die drei Testpaare aus Abbildung 2.24a lassen sich auf vier Testfälle reduzieren, da sich Testfälle kombinieren lassen, wenn die Bedingungen aus Abbildung 2.23 erfüllt sind. So sind z.B. Testfall 1 und Testfall 4 identisch.

Außerdem können in den Testfällen 5 und 6 die Werte für T_1 und T_2 frei gewählt werden, daß T_5 = FALSE ist. Mit dieser Wahl der Werte versuchen wir, die Anzahl der Testfälle minimal zu halten. Abbildung 2.24b zeigt das Resultat.

		Werte der Terme			Resultat
Testfall	Geprüfte Terme	T_1	T_2	T_3	T_6
1 (und alt 4)	T_1 und T_2	T	F	F	T
2	T_1	F	F	F	F
3 (und alt 6)	T_2 und T_3	T	T	F	F
4 (alt 5)	T_3	F	F	T	T

Abb. 2.24b: Testfälle für die Termüberdeckung

Für die Termüberdeckung benötigt man bei k elementaren Termen in einer Entscheidung *höchstens* $k+1$ Testfälle; wenn die elementaren Terme voneinander unabhängig sind, sind es *genau* $k+1$ Testfälle.

Das Kriterium der Termüberdeckung ist in der Regel schwächer als die Pfadüberdeckung. Falls alle Abfragen in den Verzweigungen elementare Terme sind, genügt ein Satz von Testfällen mit Zweigüberdeckung auch diesem Kriterium.

2.5.3 Vereinfachte Pfadüberdeckung bei Schleifen

Das strengste Kriterium, die Pfadüberdeckung, wird in der Praxis nur bei sicherheitskritischen Programmteilen angestrebt. Schwierigkeiten bereiten Schleifen mit der resultierenden Vielfalt von Pfaden (siehe oben), vor allem Schleifen mit variablen Grenzen. Streng genommen müßte jede mögliche Anzahl von Durchläufen einer Schleife als ein eigener Pfad angesehen werden. Dies würde zwangsläufig zu einer weiteren Explosion der Anzahl Testfälle führen. Für die meisten Anwendungen reicht eine vereinfachte Behandlung der Schleifen aus.

Eine sehr gute und anschauliche Methode zur Behandlung der Schleifen findet man in Beizer (1983). Dabei werden nicht alle möglichen Pfade durch eine Schleife berücksichtigt, sondern nur diejenigen, die "neue" Aspekte der

Schleife (einschließlich ihrer Initialisierung) ansprechen. Damit ergeben sich folgende Testfälle für eine vereinfachte Pfadüberdeckung bei Schleifen:

1. *Kein Eintritt in die Schleife (Null Iterationen)*. Sollte auch dann funktionieren, wenn dieser Fall nicht gefordert ist.

2. *Eine Iteration*. Viele Initialisierungsfehler bleiben in diesem Test hängen.

3. *Zwei Iterationen*. Manche Initialisierungsfehler kann man nur so fangen.

4. *Eine typische Anzahl von Iterationen*. Der Normalfall ist auch zu prüfen.

5. *Maximale Anzahl Iterationen*. Zeigt Fehler im Abbruchkriterium.

Im Programmfragment in der Abbildung 2.25 wird geprüft, ob in einem Feld *Element* der Wert *Suchwert* vorhanden ist. Das Feld *Element* enthält Einträge im Bereich *1..Anzahl*, dabei gilt Anzahl ≥ 0.

```
:
Kandidat:= 1;
while (Kandidat < Anzahl) and
      (Element[Kandidat] <> Suchwert) do
  Kandidat:= Kandidat + 1;
end while;
{ -- vorhanden wenn:
      (0 < Kandidat <= Anzahl) und
      (Element[Kandidat] = Suchwert)
}
:
```

Abb. 2.25: Programmfragment mit Schleife

Für die in diesem Fragment dargestellte Schleife sind somit für eine vereinfachte Pfadüberdeckung fünf Fälle zu testen:

1. *Kein Durchlauf durch die Schleife*. Dieser Fall bedingt, daß *Anzahl* den Wert Null oder eins hat.

2. *Ein Durchlauf durch die Schleife*. Dies kann auf zwei Arten erreicht werden: entweder mit zwei Elementen im Feld, oder das zweite geprüfte Element des Feldes hat den gesuchten Wert.

3. *Zwei Durchläufe durch die Schleife.* Wieder gibt es zwei Möglichkeiten, entweder das Feld hat drei Elemente, oder der Wert wird bei der dritten Prüfung gefunden.

4. *Typische Anzahl Iterationen.* Dieser Fall bedingt ein Feld mit mehr als drei Elementen und eine Initialisierung, die mehr als drei Vergleiche benötigt.

5. *Maximale Anzahl Iterationen.* Dieser Fall bedingt ein Feld mit mehr als drei Elementen und eine Initialisierung, die die maximale Anzahl Vergleiche benötigt.

Der Fall, daß der Abbruch der Schleife durch eine zusammengesetzte Bedingung kontrolliert wird, wird in der Termüberdeckung berücksichtigt.

Für verschachtelte Schleifen sind die Testfälle eins bis fünf für die einzelnen Schleifen zu kombinieren. Das ergibt z.B. bei zwei verschachtelten Schleifen 21 Fälle: Im Fall eins der äußeren Schleife wird die innere Schleife gar nicht angesprochen; in den Fällen zwei bis fünf der äußeren Schleife gibt es für die innere Schleife je alle fünf Fälle.

2.5.4 Überdeckungskriterien für Programmkomponenten

Die beschriebenen Überdeckungsgrade kann man für den Test einzelner Programmeinheiten anwenden. Die analogen Überdeckungsgrade für Programmkomponenten (beim Integrationstest) oder ganze Programme (beim Systemtest) lauten:

Programmeinheiten-Überdeckung
Jede Programmeinheit eines Programms wird mindestens einmal aufgerufen.

Aufrufüberdeckung
Jeder aufrufbare Teil der Programmeinheiten eines Programms wird wenigstens einmal aufgerufen.

Bei Programmeinheiten mit einem Einsprung und einem Ausgang (single-entry/single-exit) entspricht dieses Kriterium der Programmeinheiten-Überdeckung.

Programmpfad-Überdeckung
Alle möglichen Ausführungssequenzen von Programmeinheiten werden mindestens einmal durchlaufen.

Statt des Ablaufgraphen nimmt man für die Auswahl der Testfälle den Aufrufbaum eines Programms zu Hilfe (vgl. Abbildung 2.27).

Fallbeispiel

Abbildung 2.26 zeigt das gesamte Programm unseres Fallbeispiels. Es sind nur diejenigen Teile aufgeführt, die nötig sind, um die Programmstruktur sichtbar zu machen.

```
program PruefPrint;
   const
     AnzMessungen = 30;
   type
     WertStatus    = (ZuKlein, Gut, ZuGross);
   var
     Fehler,
     Schrittest    : Boolean;
     Widerstand,
     Kapazitaet    : Real;
     W_Status,
     K_Status      : WertStatus;
     ...
   begin
     repeat
       PrüfeGeraetestatus(Fehler);
     until not Fehler;
     repeat
       Display(M02);
       WarteAufStartbefehl;
       Schrittest:= (DE1 = 0);
       PrüfeWiderstand(Widerstand, W_Status);
       if Schrittest then
          WarteAufStartbefehl;
       end if;
       PrüfeKapazitaet(Kapazitaet, K_Status);
       if (W_Status <> Gut) or (K_Status <> Gut) then
          AusgabeFehlerprotokoll(Widerstand, W_Status,
                                 Kapazitaet, K_Status);
       end if;
     forever;       {oder der Strom ausgeschaltet wird}
   end program.
```

Abb. 2.26: Programm des Fallbeispiels

Abbildung 2.27 zeigt den Aufrufbaum zu diesem Programm und seinen Unterprogrammen. Die Prozeduren *PrüfeWiderstand* und *PrüfeKapazität* rufen die Prozeduren *AusgabeWiderstand* bzw. *AusgabeKapazität* sowie *GibAus6* auf; diese Aufrufe sind aus der Abbildung 2.26 nicht ersichtlich. Die in der Abbildung 2.27 doppelt eingerahmten Routinen *Print, Display* und *Bell* gehören zum Betriebssystem.

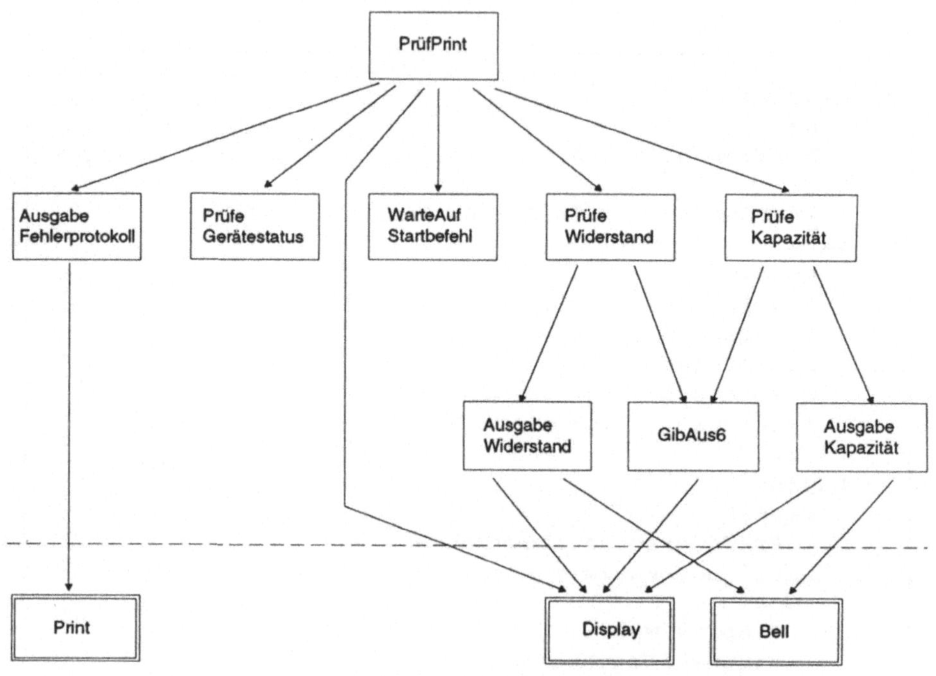

Abb. 2.27: Aufrufbaum der Programmeinheiten im Fallbeispiel

Aus der einfachen Struktur des Programms sieht man, daß jeder Testfall, der im Einzelschritt durchgeführt wird und zu einem Fehlerprotokoll führt, bereits alle Programmeinheiten aufruft. Damit kann das schwächste Kriterium der Überdeckung von Programmeinheiten mit einem Test erfüllt werden.

Das Erstellen von Testfällen für eine Programmpfad-Überdeckung wird als Übung empfohlen.

Ende Fallbeispiel

2.6 Testmittel und Testergebnisse

In diesem Abschnitt werden das bereits häufig erwähnte Testgeschirr und die Dokumentation von Tests detailliert behandelt. Bei der Erläuterung des Testgeschirrs tun wir so, als ob es keine Werkzeuge zur Unterstützung des Tests gäbe. Die Werkzeuge sind Thema des Kapitels 4.3. Hier konzentrieren wir uns auf die Hilfsmittel, die zur Ausführung des Tests unerläßlich sind.

Zu diesen Hilfsmitteln gehören auch die Dokumente, die im Zusammenhang mit dem Testen entstehen. Für die einzelnen Dokumente werden mögliche Strukturen vorgestellt. Sie sind so gewählt, daß man mit einer minimalen Anzahl von Dokumenten auch die strengen Forderungen der Normen an die Dokumentation von Tests erfüllen kann.

2.6.1 Testgeschirr

Mit der Auswahl der Testfälle ist die kreativste Arbeit des Testens getan. Ein Test ist aber erst dann vorbereitet, wenn sichergestellt ist, daß alle Testfälle auch ausgeführt werden können. Der Prüfling, das zu testende Programm oder die Komponente, ist meist Teil eines größeren Systems. Für den Test muß daher eine spezielle Umgebung, ein *Testgeschirr* (auch Testrahmen, Testbett oder Testteppich genannt) bereitgestellt werden.

> *Geschirr: Geräte, Maschinen und Vorrichtung, die für eine bestimmte Arbeit zusammengestellt sind. (Wahrig, Deutsches Wörterbuch)*

Der Prüfling wird zum Test in ein Testgeschirr eingespannt. Dieses "versorgt" den Prüfling mit den Testdaten und "entsorgt" die vom Prüfling erzeugten Daten, d.h. es simuliert die Umgebung des Prüflings.

Häufig kommuniziert der Prüfling durch seine Eingabe- und Ausgabe-Kanäle mit dem Bediener, mit anderen Programmen, mit dem überwachten Prozeß oder mit einem anderen Rechner. Kommunikation dieser Art macht den Test sehr zeitraubend und praktisch nicht reproduzierbar. Man ersetzt die Kommunikation mit der realen Umgebung daher durch den Datenaustausch mit Dateien, so daß der ganze Test ohne Interaktion ablaufen kann und wiederholbar ist. Man spricht in diesem Zusammenhang von *Testtreibern*.

Programmteile, die nur Verarbeitungslogik enthalten und nicht mit der Umgebung kommunizieren, werden für Testzwecke als *Teststümpfe* bereitgestellt. Zum Beispiel wird die Schnittstelle des Unterprogramms vollständig implementiert, der Teststumpf des Unterprogramms gibt aber immer die gleichen "festverdrahteten" Werte als Ausgabeparameter zurück.

Die Testfälle setzen einen gewissen Zustand der vom Prüfling verwendeten globalen Daten, z.B. Datenbank oder Dateien, voraus. Diese Zustände müssen mit der Auswahl der Testfälle spezifiziert sein und im Rahmen des Testgeschirrs als Testdaten bereitgestellt werden. Die Testdaten können entweder synthetisch erzeugt oder der zukünftigen Produktionsumgebung entnommen sein (Achtung, Datenschutzaspekte beachten!).

Eine genau definierte Testdatenbank ist das Minimum an Testgeschirr. Am aufwendigsten sind Tests, für die man spezielle Hardware-Einrichtungen bereitstellen muß (bei Echtzeitanwendungen).

2.6.2 Testvorschrift

Die Testvorschrift enthält alle für die Durchführung des Tests benötigten Angaben, d.h. sie ist das Dokument, in dem die ausgewählten Testfälle festgehalten sind. Sie enthält alle Anweisungen für die Ausführung des Tests, sowohl für die Arbeiten zur Vorbereitung des Testgeschirrs als auch für die Ausführung der Testfälle in der gewählten Reihenfolge.

In der Regel kommt man nicht mit einem einzigen Aufbau des Testgeschirrs aus. Für gewisse Testfälle benötigt man z.B. eine leere Datenbank, für andere eine inkonsistente oder intakte Datenbank. Der Test zerfällt also in Teile, zwischen denen ein Umbau des Testgeschirrs erforderlich ist. Wir bezeichnen sie als *Testabschnitte*.

1. Einfügen des Datensatzes (Adam, sportlich) in die leere Datenbank.
2. Suchen und Anzeigen des gerade eingefügten Datensatzes (Adam).
3. Suchen eines anderen Datensatzes (Eva).
4. Verändern eines anderen Datensatzes (Kain).
5. Löschen eines anderen Datensatzes (Abel).
6. Verändern des eingefügten Datensatzes (Adam, schöngeistig).
7. Suchen und Anzeigen des gerade veränderten Datensatzes (Adam).
8. Suchen nach sportlichen Typen im Paradies (*, sportlich).
9. Löschen des eingefügten und veränderten Datensatzes (Adam).
10. Suchen des gerade gelöschten Datensatzes (Adam).

Abb. 2.28: Beispiel einer Testsequenz

Die Testfälle eines Testabschnitts gliedert man mit Vorteil in *Testsequenzen*. Die Testfälle sind in einer Testsequenz so angeordnet, daß jeder Testfall die Bedingungen für den nachfolgenden schafft. Ein anderes Kriterium für die

Bildung einer Testsequenz ist der Zweck. Im Testabschnitt mit der leeren Datenbank kann man alle Testfälle, bei denen die versuchte Datenmanipulation eine Fehlermeldung zur Folge haben sollte (z.B. Suchen eines Datensatzes, Verändern, Löschen, etc.), in einer Testsequenz zusammenfassen. Eine andere Testsequenz könnte den Zweck haben, Manipulationen mit dem ersten Element eines Datensatzes und auf einer Datenbank mit genau einem Datensatz zu prüfen. Abbildung 2.28 zeigt das Beispiel einer möglichen Testsequenz.

```
1.   Einleitung
     1.1 Zweck des Tests
     1.2 Testumfang
     1.3 Referenzierte Unterlagen

2.   Testumgebung
     2.1 Überblick
     2.2 Test-Software und -Hardware
     2.3 Testdaten, Testdatenbank
     2.4 Personalbedarf

3.   Abnahmekriterien
     3.1 Kriterien für Erfolg und Abbruch
     3.2 Kriterien für Unterbrechungen
     3.3 Voraussetzungen für Wiederaufnahme

4.   Testabschnitt 1
     4.1 Einleitung
          4.1.1 Zweck, Referenz zur Spezifikation
          4.1.2 Getestete Software-Einheiten
          4.1.3 Vorbereitungsarbeiten für den Testabschnitt
          4.1.4 Aufräumarbeiten nach dem Testabschnitt
     4.2 Testsequenz 1-1
          4.2.1 Testfall 1-1-1
                Eingabe, Anweisung, Soll-Ausgabe,
                Raum für Ist-Ausgabe und Befund
          4.2.2 Testfall 1-1-2
     4.3 Testsequenz 1-2
     :
     4.n Ergebnis des Abschnitts 1

5.   Testabschnitt 2
     :
```

Abb. 2.29: Inhaltsverzeichnis einer Testvorschrift

Hier sind die Testfälle so angeordnet, daß der eine die Ausführung des nachfolgenden Schritts vorbereitet oder das Resultat des vorhergehenden anzeigt. Mit der Bildung solcher Sequenzen von Testfällen sparen wir Papier und Schreibarbeit bei der Testvorschrift und Zeit bei der Testausführung.

Im Inhaltsverzeichnis der Testvorschrift in Abbildung 2.29 ist die Gliederung der Tests in Abschnitte und Sequenzen vorgesehen. Wie dieses Gerippe mit Inhalt gefüllt werden kann, ist mit einem Beispiel im Anhang A angedeutet. Wenn immer möglich, sollten die Testfälle einer Testsequenz tabellarisch spezifiziert werden.

Es ist zweckmäßig, die Testvorschrift so zu gestalten, daß sie gleichzeitig als Testprotokoll verwendet werden kann. Hierzu muß zu jedem Testfall das vom Programm tatsächlich gelieferte Ergebnis notiert und der Testbefund abgehakt (mit Unterschrift) werden können. In den Tabellen für die Testfälle sollten hierfür Spalten vorgesehen sein.

Für die verschiedenen Tests wird die Vorschrift unterschiedlich gefüllt sein. Die Art der Information bleibt aber die gleiche, nur die Schwerpunkte sind verschieden. Das Beispiel im Anhang A ist ein Auszug aus einer Abnahmetestvorschrift.

2.6.3 Testbericht

Der Testbericht besteht aus:

Testzusammenfassung (vgl. Abbildung 2.30)

Identifiziert präzise den Prüfling, das Testgeschirr, die benutzte Testvorschrift, alle Beilagen und die Teilnehmer. Enthält die Empfehlung des Testteams mit Begründung und ist von allen Teilnehmern unterschrieben.

Testprotokoll

Daraus ist ersichtlich, ob die Ist-Resultate den Soll-Resultaten entsprachen. Das Testprotokoll ist nur dann ein eigenständiges Dokument, wenn die Testvorschrift nicht so gestaltet wurde, daß sie die Testergebnisse aufnehmen kann.

Liste der Problemmeldungen

Zu jedem gefundenen Fehler wird eine Problemmeldung erstellt. Eine Liste dieser Problemmeldungen (Pendenzenliste) ist dem Bericht beizulegen.

TSR-5D

TESTZUSAMMENFASSUNG

Test Nr.:   Arbeitspaket Nr.:

Testbeginn (Datum und Zeit):

Testende (Datum und Zeit):   Test Dauer:

GEGENSTAND UND ZWECK DES TESTS

   Projekt/Produkt: Release Nr.:

   Geliefert von:

   o Einzeltest   o Integrationstest   o Systemtest   o Abnahmetest

---

TESTVORSCHRIFT

   Nummer/Version   Titel

EMPFEHLUNG

   o akzeptieren   o wie es ist
      (keine Wiederholung des Tests)   o nur kleine Fehler

   o nicht akzeptieren   o einige Funktionsfehler
      (Wiederholung des Tests)   o einige fatale Fehler

   o Test nicht beendet

ZUSAMMENFASSUNG

BEILAGEN

   o Liste der getesteten Software-Einheiten
   o Liste der Problemmeldungen
   o andere:

TESTTEAM

   Name   Datum   Visum

          (Leiter)

Abb. 2.30: Testzusammenfassung

Liste der Software-Einheiten

Die Liste aller dem Test unterworfenen Software-Einheiten mit ihrer eindeutigen Kennzeichnung. Ermöglicht die Wiederholung des Testfalls am gleichen Objekt im Falle von Fehlern und zu einem späteren Zeitpunkt die Kontrolle, ob die richtige Konfiguration verwendet wird.

2.6.4 Normforderungen an die Dokumentation von Tests

Der Test erfreut sich beim IEEE Normenausschuß einer bemerkenswerten Aufmerksamkeit. Die folgenden Normen sind zur Zeit (1995) in Gebrauch:

ANSI/IEEE Std 829-1983	Standard for Software Test Documentation
ANSI/IEEE Std 1008-1987	Standard for Software Unit Test
ANSI/IEEE Std 1012-1986	Standard for Software Verification and Validation Plans

Diese Normen sind für kritische Software gedacht und entsprechend umfangreich und teilweise kompliziert. Die Forderungen darin sind trotzdem ernstzunehmen und die Grundideen auch für einfachere Anwendungen brauchbar. Die Norm

DIN 66 285   Anwendungssoftware Prüfgrundsätze

wird als Basis der Prüfungen im Zusammenhang mit der Vergabe von Gütesiegeln für Software-Produkte verwendet. Wenn die Bestrebungen der deutschen Industrie von Erfolg gekrönt werden und die Norm zu einer europäischen erhoben wird, dann wird sie an Bedeutung gewinnen.

IEEE-Dokument	Empfehlung
Test Plan	Projektplan
Test Design Specification	⎫
Test Case Specification	⎬ Testvorschrift
Test Procedures Specification	⎭
Test Item Transmittal Report	Testbericht (Liste der Software-Einheiten)
Test Log	Testbericht (Testprotokoll = Testvorschrift)
Test Incident Report	Problemmeldung (Liste von Problemen)
Test Summary Report	Testbericht (Testzusammenfassung)

Abb. 2.31: Testdokumente, Übersicht

Die Tabelle in Abbildung 2.31 zeigt den Zusammenhang zwischen den von
den IEEE-Normen geforderten Dokumenten zu den hier vorgeschlagenen.
Damit erhält man mit weniger Papier den gleichen Nutzen, wie wenn man
die Norm nach dem Buchstaben erfüllte.

2.7 Die verschiedenen Tests und Abnahmen

2.7.1 Testebenen

Das Testen bezieht sich, wie jede andere Tätigkeit, auf eine bestimmte
Abstraktionsebene. Die Zahl der Abstraktionsebenen sind ein Maß für die
Komplexität des Software-Produkts. In Abbildung 2.32 ist eine vierstufige
Hierarchie gezeigt. Die einzelnen Hierarchieebenen sind System, Teil-
system, Programm und Programmeinheit.

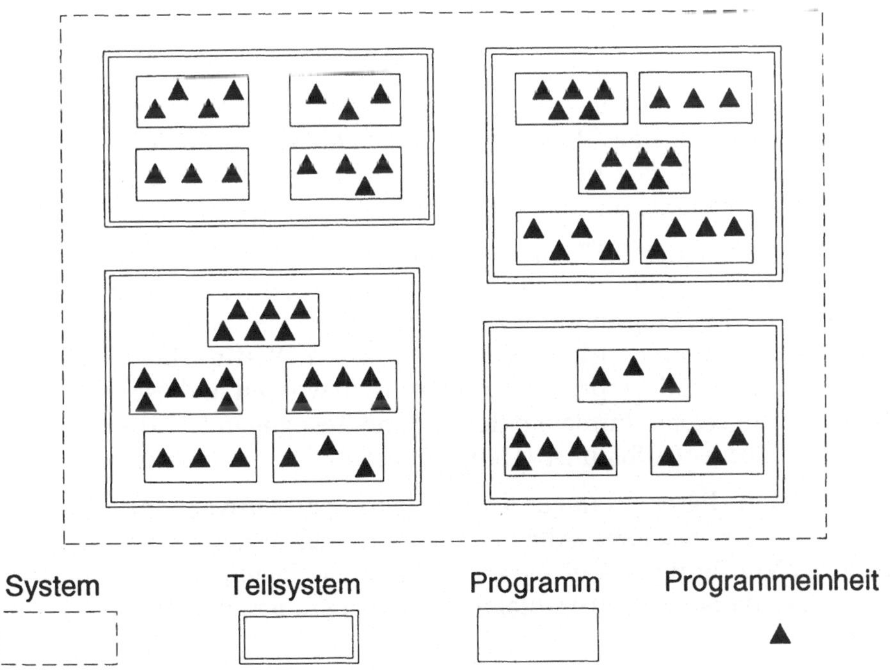

Abb. 2.32: Testebenen für eine hierarchische Software

Die vierstufige Hierarchie reicht für die Zerlegung ziemlich großer
Software-Systeme (bis zwei Millionen Zeilen Programmtext) aus. Bei mitt-
leren Systemen (bis dreihunderttausend Zeilen Programmtext) kommt man

mit einer dreistufigen Hierarchie aus. Auch das kleinste Software-Vorhaben (winzige Programme für den persönlichen Bedarf sind nicht Gegenstand unserer Betrachtungen) wird im Minimum eine zweistufige Hierarchie aufweisen: Programmeinheiten und das ganze Programm.

Die Beziehung zwischen den Elementen ist *besteht-aus*. Das Software-System besteht aus einer Anzahl Teilsysteme, die ihrerseits je aus einer Anzahl Programmen bestehen. Die Programme wiederum sind aus einer Anzahl Programmeinheiten gebildet.

Tests müssen auf allen Hierarchiestufen durchgeführt werden, weil auf jeder Ebene eigene Schnittstellen existieren. Das Schnittstellenverhalten ist auf der jeweiligen Hierarchiestufe einfacher zu testen als im Gesamtsystem. Beim Test des Gesamtsystems ist die Definition der Eingaben, die das beabsichtigte Schnittstellenverhalten bewirken sollen, nur mit grossem Aufwand möglich.

2.7.2 Test eines einzelnen Programms

Bei der Festlegung der Strategie für den Test eines einzelnen Programms ist entscheidend, auf welche Art das Programm entwickelt wird. Bei Top-Down-Entwicklung eines Programms ist es naheliegend, auch Top-Down zu testen. Baut man das Programm aus bereits vorhandenen Bausteinen (Programmeinheiten) zusammen, dann ist Bottom-Up-Testen angebracht.

In der Abbildung 2.27 ist der Aufrufbaum des Programms unseres Fallbeispiels angedeutet. Bei der *Top-Down*-Entwicklung wird es zuerst nur eine Fassade des Programms (Schnittstellen) geben, ohne das Haus (die Funktionen) dahinter. Man erhält auf diese Weise das Skelett des Programms. Die voll ausprogrammierten Teile werden in dieses Skelett eingebracht und getestet. Implementierung und Test gehen Hand in Hand von der Wurzel des Aufrufbaumes (Hauptprogramm) zu den Blättern.

Der Vorteil dieser Strategie liegt im geringen Aufwand für die Bereitstellung des Testgeschirrs. Alle Schnittstellen stehen bereits als Programmskelett zur Verfügung. Damit sie als Teststümpfe dienen können, müssen sie nur mit Testdaten (festverdrahteten Ausgabeparameterwerten) ausgerüstet werden.

Bei der *Bottom-Up*-Entwicklung beginnt die Implementierung mit den Arbeitsbienen, den Programmeinheiten in den Blättern des Aufrufbaumes; dann werden die Unteroffiziere und so weiter bis zum General in der Wurzel des Baumes implementiert und getestet.

Beim *Bottom-Up*-Test eines Programms werden keine Teststümpfe benötigt, weil alle vom Prüfling aufgerufenen Programmeinheiten bereits implementiert und getestet sind. Dafür müssen nun Testtreiber bereitgestellt werden, weil die Programmeinheiten, die zum Aufruf des Prüflings benötigt werden, noch nicht implementiert sind. Mit dem Testtreiber wird der Aufruf des Prüflings simuliert.

2.7.3 Test von Programmsystemen

Die Strategie für den Test eines Programmsystems wird weitgehend von der Topologie der Kommunikation zwischen den Programmen bestimmt. Die reine Baumstruktur wird bei Programmsystemen (Ebene Teilsystem und System in Abbildung 2.32) selten vorkommen, deshalb sind Top-Down und Bottom-Up keine geeigneten Strategien für ihren Test.

Eine reine Kette von Programmen (z.B. in einem der Teilsysteme) wird man sinnvollerweise der Kette entlang, entweder vom ersten Glied der Kette zum letzten oder umgekehrt, testen. Bilden die Programme (z.B. eines anderen Teilsystems) ein Netzwerk, dann werden die Pfade durch das Netzwerk getestet, wobei die sinnvolle Reihenfolge stark von der Anwendung abhängig ist.

Der Test folgt unvermeidlich der Entwicklung, er muß sich also an der Entwicklungsstrategie orientieren. Wenn diese die obigen Kriterien nicht berücksichtigt, dann muß sich der Test an der Verfügbarkeit der Teile orientieren. Diese ist dem Projektplan zu entnehmen, und der Test ist entsprechend vorzubereiten. Man kann diese Strategie daher *Verfügbarkeitsstrategie* nennen, weil man sich in solchen Fällen meistens nach der verfügbaren Kapazität (in Anzahl Personen und deren Fähigkeiten) richtet.

Häufig wird nach (sich hoffentlich selten ändernden) Prioritäten entwickelt. Die Prioritäten können durch die Forderungen des Kunden oder die Auseinandersetzung mit dem größten Risiko (Spiralenmodell nach Boehm 1988) bestimmt sein. Für den Test bedeutet dies, daß beispielsweise alle Teile integriert und getestet werden, die einen Beitrag zu einer bestimmten Funktion liefern. Man spricht von der *Faden-Strategie* (*thread testing*), weil man sie sich so vorstellen kann, daß die Funktion in die einzelnen Teile des Systems gewirkt ist.

Andere Strategien können sich aus der verwendeten Entwurfsmethode ergeben. Wendet man z.B. MASCOT als Entwurfsmethode an, dann sind zuerst die *Kommunikationselemente* (IDA's, Channels, Pools) zu testen und anschließend die Prozesse unter Verwendung der bereits getesteten Kommunikationselemente.

2.7.4 Einzeltest, Integrationstest und Systemtest

Einzeltest (*Modultest*) bezeichnet das isolierte Testen einer Programmeinheit. Hierzu wird ein eigens für die Einheit bereitgestelltes Testgeschirr benötigt, das die Einheit über ihre echten Schnittstellen mit Eingaben versorgt, die Ausgaben entgegennimmt und für die Bewertung des Tests eventuell ausgibt.

Zur Erinnerung: Bevor eine Einheit isoliert getestet wird, führt der Programmierer zur Selbstkontrolle einen Laufversuch (informellen Test) durch, keinen Test im formalen Sinne.

Mit *Systemtest* bezeichnet man den Test des gesamten Software-Systems, d.h. alle unteren Hierarchiestufen sind vorhanden und getestet.

Beim *Integrationstest* werden entweder Gruppen von Programmeinheiten (integrieren eines Programms) oder Gruppen von Programmen (integrieren eines Programmsystems) getestet. Die entsprechenden Verfahren sind in den Kapiteln 2.7.2 und 2.7.3 beschrieben.

2.7.5 Abnahmen

Eine *Abnahme* dient zur Validierung des Software-Produkts. Es ist eine besondere Ausprägung des Systemtests, bei der der Kunde oder ein von ihm Bevollmächtigter zugegen ist und den Test beobachtet oder daran teilnimmt.

Der Abnahme kommt besonders in Auftragsprojekten eine besondere Bedeutung zu, sind doch nach bestandener Abnahme Zahlungen fällig und beginnt die Garantiezeit zu laufen. Durch die Beteiligung von Lieferant und Auftraggeber kommt ein neues, politisches Element ins Spiel. Die eine Partei hat den Wunsch, etwas loszuwerden, wenn nötig mit allen Mitteln und dem Vorteil, die Schwächen des Produkts zu kennen.

Die andere Partei hat vielleicht den Wunsch, das Produkt noch nicht zu übernehmen, da sie für die Übernahme noch nicht bereit ist. Die folgenden Hinweise richten sich speziell an den Abnehmer, da er in dieser Situation der Prüfende ist.

- Der Abnahmetest erfolgt nach einer Testvorschrift mit einem Teil *freies Testen*.

- Zum Test müssen folgende Unterlagen bereitstehen: Benutzerhandbuch, Anforderungsdokument und Testvorschrift. Eventuell weitere Unterlagen des Lieferumfangs wie Wartungs- oder Konfigurationsunterlagen u.ä.

- Das zu prüfende Programm muß unter Konfigurationskontrolle stehen.

- Der erste Testschritt besteht aus dem Generieren des zu testenden Programms aus den Quellprogrammen unter Konfigurationsverwaltung. Wenn das System schon generiert war, beginnt der Test mit dem Löschen aller Objektdateien.

- Von dem neu generierten System wird die Prüfsumme berechnet und eine Kopie auf Band gespielt. Dieses Band bewahren Sie in einem Bankfach oder einem anderen sicheren Ort auf.

  Dank dieser Maßnahme kann man am Schluß der Abnahme prüfen, ob immer noch das gleiche Programm getestet wird wie zu Beginn der Abnahme.

- Die Abnahme wird nach der Testvorschrift durchgespielt.

- Am Ende jedes Testabschnitts oder Tages wird Bilanz gezogen, und die gefundenen Probleme werden in einem Protokoll zusammengetragen.

- Am Ende jedes Testabschnitts oder Tages wird freies Testen durchgeführt. Die Testfälle sind nach Art der Testvorschrift zu dokumentieren. Dies ermöglicht die Wiederholung dieser Testfälle, falls im freien Testen Fehler zum Vorschein gekommen sind.

- Die Abnahme wird mit einer Schlußsitzung beendet, in der die Fehler in den Problemmeldungen gewichtet werden und ein Beschluß herbeigeführt wird.

Die Unterschiede zwischen den Arten von Abnahmen (Werkabnahme, Installations- und Betriebsabnahme), die bei größeren Vorhaben durchgeführt werden, sind in (Frühauf, Ludewig, Sandmayr 1991) behandelt.

Kapitel 3

Software-Prüfung durch Reviews

In diesem Kapitel geht es, wie der Titel sagt, vor allem um Reviews. Andere statische Prüfverfahren werden im Abschnitt 3.1 vorgestellt, das restliche Kapitel betrifft dann nur die verschiedenen Review-Verfahren, hauptsächlich das technische Review. Auf Verfahren, die in der Praxis kaum angewendet werden (z.B. das anonyme Peer Rating), gehen wir nicht ein.

3.1 Statische Prüfungen

Vier Augen sehen mehr als zwei.
Sprichwort

Prüfen von Software beschränkt sich nicht auf das Ausführen von Programmen mit Testdaten und anschließender Analyse der Resultate, d.h. auf das Testen. In verschiedenen Situationen, z.B. beim Versuch, einen Fehler zu lokalisieren, sind wir gezwungen, das Programm im Kopf ("von Hand") auszuführen. Wir spielen selbst den Rechner, lesen Werte ein, berechnen andere und geben sie aus. Wenn wir so den Rechner simulieren, finden wir nicht nur - hoffentlich - den gesuchten Fehler, sondern erreichen auch ein besseres Verständnis für das dynamische Verhalten des Programms.

Eine ähnliche Erfahrung kann man auch in einer anderen Situation machen, die immer wieder entsteht. Wir kommen bei der Suche nach einem Fehler nicht weiter und suchen uns darum ein Opfer, dem wir das Problem schildern können. Bei dieser Schilderung werden wir wieder das Verhalten des Programms durchspielen. Oft finden wir dabei die Lösung des Problems, bevor unser Gesprächspartner es überhaupt erfaßt hat.

Was ist hier geschehen? Wir haben ein Programm geschrieben und sollten es eigentlich kennen. Beim Nachvollziehen der Ausführung allein am Schreibtisch (*Schreibtischtest*) oder beim Demonstrieren für den Gesprächspartner sehen wir das Programm aus einer anderen Perspektive. Wir sehen nicht mehr, was wir ins Programm an Funktionalität stecken *wollten*, sondern wir sehen, was *wirklich* bei der Arbeit mit konkreten Daten passiert. Außerdem versuchen wir, das Programm mit den Augen des Partners zu sehen. Dabei gewinnen wir Einsichten und finden Probleme, an die wir bei der Erstellung des Programms nicht gedacht haben.

Das Vorgehen hat zwei Merkmale, die wir uns für Prüfungen generell zu eigen machen können:

- Wir gehen weg vom Bildschirm und betrachten das Programm auf Papier, sei es allein oder mit einem Gesprächspartner.

- Wir haben nicht mehr den allzu vertrauten linearen Programmtext vor uns, sondern betrachten das Programm aus einer neuen Perspektive.

Diese Erfahrung wollen wir für die Prüfung von Software allgemein nutzbar machen.

Bisher haben wir nur vom Durchspielen gesprochen, d.h. vom Prüfen des Programmcodes. Das Prüfen am Schreibtisch erfordert aber keinen Rechner und ist daher nicht auf Resultate der Entwicklung beschränkt, die in ausführbarer Form vorliegen. Jedes lesbare Dokument, d.h. also auch Anforderungen, Entwurf, Benutzerhandbuch, Testvorschrift und ähnliches, kann auf diese Art geprüft werden.

Aus den bisherigen Überlegungen ergeben sich bereits gewisse elementare Voraussetzungen für statische Prüfungen:

- Es muß ein Resultat vorliegen, d.h. bei Software ein Dokument (Text oder Programm), das für andere zugänglich ist.

- Es muß bekannt sein, was das Resultat leisten, welchem Zweck es dienen und wie es aussehen soll.

Damit haben wir eine Basis, die es uns und Dritten erlaubt, das Werk in Form von Reviews zu prüfen. Das Review hat verschiedene Spielarten. Bei allen ist wichtig, daß es definierte Regeln und Zuständigkeiten gibt, daß diese allen Beteiligten bekannt sind und vom Management getragen werden. Nur so läßt sich der mögliche Nutzen realisieren und das Abgleiten von Reviews zu rein sozialen Ereignissen ohne konkreten Nutzen für ein Projekt vermeiden. (Wir haben nichts gegen soziale Ereignisse, aber die sollten lustiger sein als ein Review!)

Die Regeln betreffen die Planung des Reviews (um sicherzustellen, daß die benötigte Kapazität verfügbar ist) und den Umgang miteinander (um zu vermeiden, daß der Autor zum Angeklagten wird, eine häufige Befürchtung vor dem Einführen von Reviews).

Von den vielen möglichen Verfahren sollen hier die folgenden vier weiter diskutiert werden:

1. der *Schreibtischtest*, eine informelle Art, abseits von Tastatur und Bildschirm über ein Resultat nachzudenken,

2. die *Stellungnahme*, eine verbreitete, informelle Art, um die Meinung anderer Entwickler oder Anwender zu erfahren,

3. das *technische Review*, ein geregeltes, dokumentiertes Verfahren zur Bewertung eines Werks und schließlich

4. der *Walkthrough*, ein Ansatz zwischen technischem Review und Stellungnahme.

Allen Verfahren gemeinsam ist das Ziel, Fehler in einem Arbeitsresultat sichtbar werden zu lassen; es ist *nicht* ihr Ziel, die Fehler auch zu beheben. Die Fehlerbehebung ist ein separater Arbeitsschritt, den der Entwickler im allgemeinen wieder ohne Mitwirkung Dritter durchführt.

3.1.1 Schreibtischtests

Den Schreibtischtest können wir als Entwickler allein durchführen. Haben wir einen gewissen Stand bei einer Arbeit erreicht, ziehen wir uns geistig zurück, d.h. verlassen Bildschirm und Tastatur und analysieren unser Resultat. Wir versuchen also, Distanz zum Prüfling zu gewinnen und damit selbst bis zu einem gewissen Grad zum unbeteiligten Dritten zu werden.

Die Resultate solcher Denkpausen rechtfertigen in aller Regel den Aufwand. Daher ist der Schreibtischtest nicht die "Software-Qualitätssicherung des kleinen Mannes", sondern eine Art von Prüfung, die selbstverständlich oder obligatorisch sein sollte. Sie wird auch nicht durch die nachfolgend beschriebenen Verfahren überflüssig: Es ist weder rücksichtsvoll noch effizient, wenn der Autor einen Prüfling weitergibt, den er selbst nicht kritisch betrachtet hat.

Früher, als die Stapelverarbeitung eine Programmausführung sehr umständlich machte, war der Schreibtischtest selbstverständlich; seine Vorteile sind durch die Ubiquität von Rechenleistung nicht hinfällig geworden, aber leider in vielen Umgebungen in Vergessenheit geraten.

3.1.2 Stellungnahme

Teurer, aber auch wirksamer sind solche Verfahren, die weitere Personen ins Spiel bringen. Am bekanntesten ist das Stellungnahmeverfahren. Es läuft mit gewissen Varianten nach folgendem Schema ab.

Ein Autor entscheidet, daß eine oder mehrere andere Meinungen die Qualität seiner Arbeit verbessern könnten. Er gibt daher eine Kopie einem oder mehreren Kollegen zum Lesen.

Nach einiger Zeit treffen die Papiere, gespickt mit mehr oder weniger ausführlichen Kommentaren, wieder beim Autor ein. Positive Stellungnahmen nimmt er erfreut zur Kenntnis, die negativen wird er analysieren und nach Möglichkeit berücksichtigen, die geforderten Änderungen durchführen, seine Kollegen darüber informieren und sich bei ihnen bedanken.

Dieses Verfahren wird gern angewendet, denn es ist einfach und benötigt keine Ausbildung; lesen kann jeder. Es erfordert keine große Planung und kann kurzfristig angesetzt werden. Da der Aufwand nicht geschätzt und eingeplant ist, mogelt man ihn zwischen die tägliche Arbeit. Und man hat sein Gewissen beruhigt: Eine Prüfung hat stattgefunden.

Obwohl dieses Vorgehen von der Idee her sinnvoll ist, scheitert es in der Praxis sehr oft: Meist arbeitet der Entwickler an seinem Resultat weiter, während die Kopien in den Post-Eingangskörben der Kollegen ruhen. Treffen die Kommentare endlich ein, so sind sie oft wertlos, weil

- sich der betreffende Teil inzwischen geändert hat,
- die negativen Kommentare sich derart widersprechen, daß die ursprüngliche Lösung vielleicht als bester Kompromiß erscheint,
- die vorgeschlagene Lösung nicht ins Konzept des Entwicklers paßt,
- keine Zeit für Änderungen bleibt; womöglich ist der Ablieferungstermin ohnehin schon überschritten.

Es kann vorkommen, daß der Autor die Stellungnahmen in die Schublade legt und sie vergißt. So verliert er den Kredit seiner Kollegen, die dann seine nächste Anfrage "schubladisieren".

Es gibt also eine Reihe von Nachteilen, die beim Stellungnahmeverfahren nützlichen Resultaten im Wege stehen (zu den Rollen vgl. Kapitel 3.2.2):

- Ein *Manager* ist nicht beteiligt. Der Aufwand für die Stellungnahmen ist nicht geplant, die *Gutachter* arbeiten selbst an dringenden Aufgaben und haben keine Zeit.

- Der *Autor* ist gleichzeitig *Moderator*. Er wählt die *Gutachter* aus, deren Engagement ungewiß bleibt.

- Das Dokument ändert sich während der Ausarbeitung der Stellungnahmen, ein Teil der Kommentare geht ins Leere.

- Einen *Aktuar* und somit ein Protokoll über die Befunde gibt es nicht. Die Nachbearbeitung geschieht nach dem Gutdünken des Autors und wird nicht kontrolliert.

Darum wurden aufwendigere Review-Verfahren entwickelt; sie haben sich trotz höherem Aufwand als wesentlich effizienter erwiesen. Will man dennoch Stellungnahmen einsetzen, so sorge man durch entsprechende Planung und Disziplin dafür, daß die beschriebenen Probleme vermieden werden.

3.1.3 Technisches Review

Mit dem technischen Review (nach Freedman, Weinberg 1982) wurde versucht, die Prüfung von Dokumenten und Programmen so zu regeln, daß die Nachteile des Stellungnahmeverfahrens eliminiert werden. Dadurch steigt zwar der Aufwand, aber mehr noch der Nutzen, so daß der Gesamteffekt für das Projekt positiv ist.

Wie beim Stellungnahmeverfahren werden beim technischen Review Kollegen als *Gutachter* beigezogen. Natürlich kommen dafür vor allem andere Entwickler in Frage, aber in bestimmten Phasen sind Benutzer, Produkt-Manager oder Auftraggeber die Wissensträger, die zur Beurteilung eines Arbeitsresultats den wirksamsten Beitrag liefern können. Die Gutachter erhalten im technischen Review konkrete Aufträge:

- Im ersten Schritt, in der *Vorbereitung*, müssen die Gutachter das zu prüfende Dokument lesen und nach bestimmten, ihnen individuell zugeteilten Gesichtspunkten (vgl. Abbildung 3.4) beurteilen.

- Den zweiten Schritt bildet die *Review-Sitzung*, in der die Gutachter ihre in der Vorbereitung gefundenen Probleme vorbringen. Gemeinsam erheben, gewichten und protokollieren sie die Befunde.

  Der Auftrag für die Review-Sitzung lautet, das Dokument oder Programm zu begutachten und nicht zu korrigieren, d.h. die Sitzung hat das Ziel, Probleme aufzuzeigen, nicht sie zu lösen. Die Sitzung liefert eine Zusammenstellung der Schwächen mit einer Empfehlung von Arbeiten, die vor der Freigabe des Arbeitsresultats durchgeführt werden sollten. Den Entscheid über Art und Umfang der Nacharbeit muß die zuständige Führungsinstanz im Projekt treffen, die über die notwendigen Kompetenzen und Mittel verfügt.

- Die *Nacharbeit* selbst wird dem Autor oder den Autoren zugeteilt. Die Gutachter kommen bei der Überprüfung der Nacharbeit evtl. nochmals zum Zug. Bei umfangreichen Änderungen wird das überarbeitete Dokument einem weiteren Review unterzogen, bei einfacheren Änderungen kann ein Gutachter oder der Moderator die Kontrolle übernehmen.

Eine ausführliche Beschreibung des technischen Reviews folgt in Kapitel 3.2.

3.1.4 Structured Walkthroughs

In der Praxis ist es äußerst schwierig, Reviews, insbesondere Code-Reviews, in kleinen Entwicklungsumgebungen (bis zu fünf Mitarbeiter) durchzuführen. Es gibt zum einen zu wenig Entwickler, die in der Lage sind, ein fremdes Programm kritisch durchzusehen. Zum anderen erscheint der Aufwand eines technischen Reviews zu hoch für Programme, an die keine hohen Anforderungen gestellt werden, d.h. bei denen einige Restfehler keine dramatischen Folgen haben.

Diese Argumente sollten nun nicht dazu führen, daß man wie bisher gar nichts macht. Hier bewährt sich vielmehr der *Walkthrough*, eine "mildere" Form des Reviews. Sie ist weniger streng definiert und kann mit geringerem Aufwand durchgeführt werden. Dafür ist die Wirksamkeit auch geringer.

Im Mittelpunkt steht die Walkthrough-Sitzung. Der Autor fungiert als Moderator und leitet die Sitzung. Er stellt sein Arbeitsergebnis Schritt für Schritt vor, die Gutachter werfen (vorbereitete oder spontane) Fragen auf und versuchen so, mögliche Probleme zu identifizieren. Die Probleme werden protokolliert.

Es gibt zwei Varianten dieses Verfahrens:

- *mit Vorbereitung*: Die Gutachter erhalten den Prüfling vor der Sitzung und können Fragen vorbereiten.

- *ohne Vorbereitung*: Der Prüfling wird den Gutachtern erst zu Beginn der Sitzung ausgehändigt.

Das Verfahren bewahrt die meisten Vorteile des technischen Reviews, weil der Autor durch seine Präsentation die fehlende (oder geringere) Vorbereitung der Gutachter teilweise kompensiert; während seiner Vorbereitung entdeckt er selbst viele Fehler. Aber einige Nachteile bleiben:

- Es gibt keine klare Kompetenzregelung (z.B. Planung, Freigabe). Die Nacharbeit wird nicht kontrolliert, sie liegt im Ermessen des Autors.

- Die Sitzung wird zwar geplant, die Vorbereitungszeit aber meist gestohlen.

- Der Autor bestimmt wesentlich den Gang der Dinge. Ist er ein guter "Verkäufer", kann er unter Umständen die Gutachter blenden.

- Die Effizienz (das Verhältnis zwischen der Zahl der gefundenen Fehler und dem Aufwand) ist weit niedriger.

3.1.5 Weitere Review-Verfahren

Nachfolgend werden weitere Review-Verfahren skizziert; wir geben hier nur die Besonderheiten an.

Design and Code Inspections

Das technische Review lehnt sich eng an die *Design and Code Inspections* an, wie sie von M. Fagan in der Mitte der siebziger Jahre bei IBM Federal System Division eingeführt wurden (Fagan 1976, 1986). Die zusätzlichen Elemente von Design und Code Inspections sind:

- Immer leitet eine *Einführungssitzung* den Prüfprozeß ein. In dieser Sitzung werden der Prüfling und sein Umfeld vorgestellt, die Ziele des Reviews werden allen Beteiligten nochmals deutlich gemacht.

- Zu Beginn der Review-Sitzung geben die Gutachter ihre Notizen aus der Vorbereitung an den Moderator ab.

- In der Review-Sitzung gibt es einen *Vorleser*, der den Prüfling Absatz für Absatz vorliest, bevor dann zu dem vorgelesenen Teil die Befunde erfaßt werden.

- Das Review-Team gibt nicht nur eine Empfehlung, sondern ist auch die Entscheidungsinstanz für die Freigabe des geprüften Arbeitsergebnisses.

- Der Review-Bericht ist stärker formalisiert, die Fehler werden anders gewichtet (mit "major" oder "minor").

- Es werden mehr Daten erfaßt und viele Kennzahlen ermittelt.

Round-Robin Review

Beim Round-Robin Review wird der primäre Zweck von Reviews - Fehler zu finden - auf den Kopf gestellt. Die Gutachter erhalten die Aufgabe, in der Vorbereitung nach Argumenten zu suchen, warum der Prüfling gut ist. In der Sitzung trägt jeder Gutachter sein Plädoyer vor und versucht, die anderen von der akzeptierbaren Qualität des Prüflings zu überzeugen. Die anderen Gutachter intervenieren, wo sie selbst Mühe hatten, eine Begründung zu finden. Gelingt es dem vortragenden Gutachter nicht, überzeugende Argumente vorzubringen, so ist ein Problem identifiziert. Die Argumente für und die Befunde gegen den Prüfling werden protokolliert.

Peer Review

Beim Peer Review werden die Gutachter in einen Raum "eingeschlossen", sie untersuchen die Prüflinge (in der Regel mehrere auf einmal) und liefern einen Bericht in Form eines Gutachtens. Es gibt keine allgemeinen Verfahrensregeln, das Team selbst bestimmt Aufgabenteilung und Vorgehensweise. Der Moderator leitet das Team und organisiert die Arbeit. Das Team wird entweder ad hoc zusammengestellt oder existiert als permanente Einrichtung ("professionelle Peers").

3.2   Regeln und Konzepte des technischen Reviews

Nachfolgend befassen wir uns nur noch, wenn nicht ausdrücklich gesagt, mit dem technischen Review oder einfach dem Review.

3.2.1 Präzisierung des Review-Begriffs

Den Design and Code Inspections von Fagan (1976) entlehnt ist das Ausnutzen der Erkenntnis, daß die Konzentration auf eine konkrete Fragestellung bessere Aussagen über den Prüfling liefert als ein indifferentes Durchlesen. Die Fragen, die die Gutachter in der Vorbereitung auf die Review-Sitzung beantworten müssen, werden in Form von Fragenkatalogen aufbereitet. Im Sinne der Arbeitsteilung werden die Fragen unter den Gutachtern aufgeteilt.

Damit die Zuteilung einfacher ist, sind die Fragen in den Fragen-katalogen nach Themen gruppiert. Diese *Aspekte* (z.B. Vollständigkeit, Leistungsverhalten, Portabilität) werden jeweils denjenigen Gutachtern zugeteilt, die in der Lage sind, die Fragen kompetent zu beantworten. In der Vorbereitung auf die Review-Sitzung konzentrieren sich dann die Gutachter auf die wenigen ihnen zugeteilten Aspekte.

Nachdem wir bisher den Begriff Review intuitiv verwendet haben, wollen wir nun versuchen, ihn genauer zu definieren. Das Prinzip des Reviews ist in Abbildung 3.1 angedeutet.

Prüfling des Reviews kann jeder in sich abgeschlossene, für Menschen lesbare Teil von Software sein - ein einzelnes Dokument, ein Codemodul, ein Datenmodul.

Zur Prüfung werden *Referenzunterlagen* benötigt, die eine Beurteilung erlauben. Dazu gehören eine *Vorgabe* oder *Spezifikation* (der Ausgangspunkt für die Erstellung) sowie die relevanten *Richtlinien*, die es bei der Erstellung zu beachten galt. Zusätzlich können *Fragenkataloge* verwendet werden, also Listen von Fragen, die im Review beantwortet werden sollen.

So wird zum Beispiel eine Entwurfsbeschreibung (der Prüfling) daraufhin überprüft, ob der Lösungsansatz alle in der Anforderungsspezifikation (Vorgabe) festgelegten Anforderungen erfüllt und ob die für Entwurfsbeschreibungen gültigen Richtlinien (z.B. für Kennzeichnung, Inhalt, Gestaltung, Methode der Darstellung) eingehalten sind.

Abb. 3.1: Das Prinzip des Reviews

Damit erhalten wir folgende Definition: Ein *Review* ist die inhaltliche Prüfung eines Dokuments, einer Zeichnung oder eines Programms (eines Prüflings) gegenüber Vorgaben und gültigen Richtlinien mit dem Ziel, Fehler und Schwächen des Prüflings aufzuzeigen, aber auch positive Merkmale zu würdigen.

Die Lösung der aufgezeigten Probleme ist (wie die Fehlerbehebung nach dem Test) ein separater Schritt und gehört nicht mehr zum Review.

3.2.2 Rollen im Zusammenhang mit Reviews

Bei den verschiedenen Formen von Reviews finden wir neben den in Kapitel 1.7 definierten die folgenden Rollen in der einen oder anderen Kombination oder Ausprägung. In der Regel sollte jede Rolle mit einer anderen Person besetzt werden. Mögliche Ausnahmen werden explizit angegeben.

Manager = Linienvorgesetzter oder Projektleiter, der den Auftrag zur Erstellung des Prüflings gegeben hat, der somit auch die Verantwortung für die Freigabe des Prüflings hat.

Autor = Urheber des Prüflings oder Repräsentant des Teams, das den Prüfling erstellt hat.

Moderator = Kollege, der das "Mini-Projekt" Review leitet, d.h. für den ordnungsgemäßen Ablauf sorgt und dafür verantwortlich ist; eine Persönlichkeit, die sowohl die organisatorischen als auch psychologischen Klippen von Reviews elegant umschiffen kann.

Gutachter = Kollege, der den Prüfling beurteilen kann. Sein Sachverstand kann sich auf verschiedene Aspekte beziehen, z.B. den technischen Inhalt oder die für die Erstellung eingesetzten Methoden. Es kann aber auch der gesunde Menschenverstand sein, der einer Person erlaubt, Inkonsistenzen oder Unvollständigkeiten zu erkennen.

Aktuar = Kollege, der in der Review-Sitzung das Protokoll aufnimmt, der Schreiber.

Review-Team = Alle an einem Review beteiligten Personen außer Manager und Autor. Diese sind während des Reviews am Meinungsbildungsprozeß nicht beteiligt.

Eine beliebte Frage ist: "Braucht es diesen Monsterapparat, um Reviews durchzuführen?". Die bekannte Antwort "Im Prinzip ja, aber .." trifft hier zu.

Der Manager zählt nicht, er nimmt am Review selbst nicht teil. Auf die anderen Rollen kann man nicht verzichten, ihre qualifizierte Besetzung ist für den effektiven Ablauf des Reviews unabdingbar. Die einzige Chance zum Einsparen ist die Wahrnehmung einer zusätzlichen Rolle durch eine bereits beteiligte Person. In Betracht kommt hierzu einzig die des Aktuars.

Aktuar ist in der Tat selten ein Vollzeitjob. Ein Kandidat ist der Autor, weil er in der Sitzung sowieso passiv bleibt. Zudem muß er sicherlich den Review-Bericht lesen und verstehen können. Notfalls können sich die Gutachter in der Rolle des Aktuars abwechseln, wenn der Moderator darauf achtet, daß kein Gutachter seine eigenen Befunde protokolliert (Stab- bzw. Filzstiftwechsel).

Der Moderator darf nur dann gleichzeitig die Rolle des Aktuars bekleiden, wenn er äußerst versiert ist im Moderieren und sattelfest im Anwendungsgebiet, aus dem der Prüfling stammt. Ist dies nicht der Fall, wird er zum Engpaß der Review-Sitzung, weil ihn das gleichzeitige Moderieren und Schreiben überfordern.

3.3 Prinzipieller Ablauf des Reviews

In Abbildung 3.2 sind die einzelnen Schritte des Reviews im Überblick dargestellt. Den Startschuß für das Review bildet die Initialisierung, den Abschluß die Freigabe des Arbeitsergebnisses. In der Abbildung nicht dargestellt ist die vor einer Freigabe eventuell nötige Wiederholung des Reviews (Rücksprung zur Initialisierung).

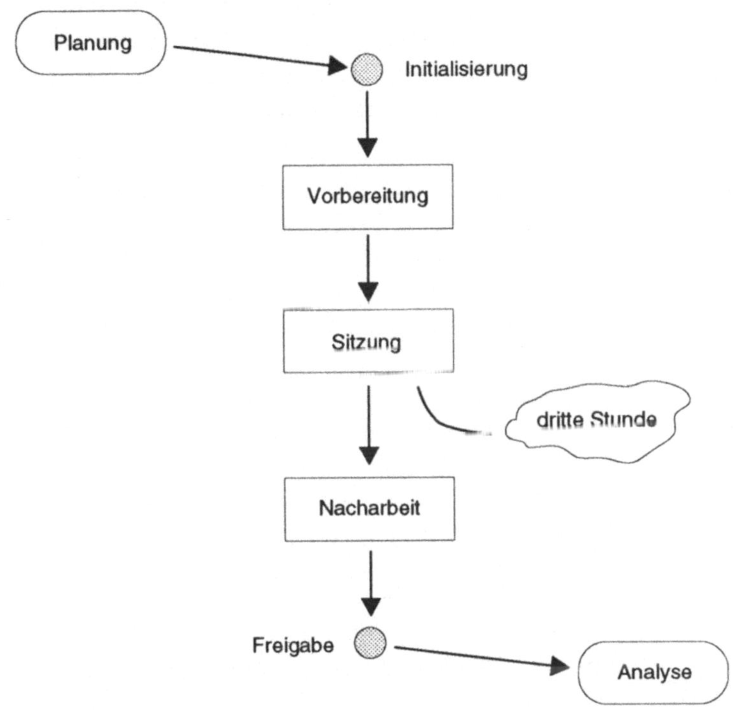

Abb. 3.2: Review-Ablauf, schematisch

Das Review selbst zerfällt in die drei Schritte Vorbereitung, Sitzung und Nacharbeit. Die letztere schließt die Überarbeitung des Arbeitsergebnisses nicht ein, denn die Aufwendungen hierfür zählen zu den Herstellungs- oder Fehlerbehebungskosten. Die "dritte Stunde" ist ein informeller Teil des Reviews.

Vor der Initialisierung muß das Review geplant worden sein; im Nachhinein sollten die Review-Berichte auf systematische Schwachstellen im Entwicklungsablauf hin analysiert werden.

3.3.1 Planung

Der *Manager*, der einen Mitarbeiter mit der Erstellung des Prüflings beauftragt hat, trägt die Verantwortung für die Qualität. Er kann das Arbeitsergebnis selbst prüfen und entscheiden, ob das Resultat den Erwartungen entspricht und für die projektinterne oder -externe Verwendung freizugeben ist. Im allgemeinen ist er jedoch nicht in der Lage, die Beurteilung selbst vorzunehmen: Es fehlt ihm die sachliche Kompetenz und/oder einfach die Zeit. Daher wird er die Prüfung delegieren, zum Beispiel ein vertrauenswürdiges Review-Team beauftragen. Auf der Grundlage des Review-Berichts und unter Berücksichtigung projektspezifischer Aspekte wird er seinen Entscheid, Freigabe oder Überarbeitung, treffen.

Der Manager muß dafür sorgen, daß das Review bereits bei der Vergabe der Arbeit eingeplant ist, denn es geht immerhin um bis zu 20 % des Erstellungsaufwands. Abbildung 3.3 zeigt eine zweckmäßige Gliederung für Arbeitspakete. Dabei ist angenommen, daß *eine* Überarbeitung ausreicht. Solange in einer Umgebung keine Erfahrungswerte vorliegen, kann man den Aufwand dafür mit 10 % des Erstellungsaufwands veranschlagen.

```
1.  Urversion des Prüflings erstellen
2.  Review durchführen
3.  Überarbeitete Version des Prüflings erstellen
4.  Nachprüfung durchführen
5.  Freigabe erteilen
```

Abb. 3.3: Gliederung eines Arbeitspakets

Wenn der Manager das Arbeitspaket einem Autoren zuteilt, bestimmt er auch bereits den Moderator. Er wählt allein oder zusammen mit dem Moderator die Aspekte aus, nach denen das Arbeitsergebnis vom Review-Team begutachtet werden soll.

Die Wahl der Gutachter (maximal fünf) ist primär durch die Aspekte geleitet. Für jeden Aspekt muß man mindestens einen kompetenten Gutachter haben. Stehen dem Manager die erforderlichen Personen nicht zur Verfügung, so muß er sich um die Freistellung der betreffenden "Experten" in anderen Projekten und organisatorischen Einheiten bemühen – und bei passender Gelegenheit in gleicher Währung zurückzahlen.

3.3.2 Initialisierung

Wenn der *Autor* nach bestem Wissen und Gewissen seinen Auftrag erledigt hat, informiert er den *Manager*, daß er den Prüfling der Konfigurationsverwaltung übergeben hat. Der Manager muß nun, allein oder mit dem Moderator, beurteilen, ob der Prüfling eines Reviews würdig ist. Mit der Ausübung dieser Schutzfunktion verhindert der Manager, daß der Autor der Lächerlichkeit preisgegeben wird und daß unnötiger Aufwand entsteht.

Die Initialisierung des Review-Prozesses ist die Aufgabe des *Moderators*. Er versorgt die Gutachter mit jeglicher benötigten Information. Dies kann entweder in Form einer schriftlichen Einladung (vgl. Beispiel in der Abbildung 3.5) oder, wie bei den Design and Code Inspections, im Rahmen einer Einführungssitzung erfolgen.

Wenn die Gutachter mit dem Umfeld des Prüflings wenig vertraut sind oder wenig bis gar keine Erfahrung in technischen Reviews haben, ist es nützlich, ihnen den Prüfling samt seiner Einbettung in das Anwendungsgebiet vorzustellen und sie über Bedeutung, Sinn und Zweck des anstehenden Reviews aufzuklären. Dies erfolgt im Rahmen einer Einführungssitzung von einer halben bis ganzen Stunde Dauer. Deren Agenda ist in Abbildung 3.4 gezeigt.

<table>
<tr><td>1.</td><td>Einleitung</td><td>(Moderator)</td></tr>
<tr><td>2.</td><td>Verteilung der Unterlagen</td><td>(Moderator)</td></tr>
<tr><td>3.</td><td>Zweck und Ablauf vom Review</td><td>(Moderator)</td></tr>
<tr><td>4.</td><td>Präsentation (maximal 15 Minuten)</td><td>(Autor)</td></tr>
<tr><td>5.</td><td>Zuteilung der Aspekte</td><td>(Moderator/Gutachter)</td></tr>
<tr><td>6.</td><td>Diskussion</td><td>(Alle)</td></tr>
</table>

Abb. 3.4: Agenda einer Einführungssitzung

Der Einladung wird in der Regel nur der Prüfling beigelegt. Die anderen Unterlagen werden präzise referenziert, damit alle Gutachter gegen die genau gleichen Versionen der Unterlagen prüfen.

Mit der Einladung in der Abbildung 3.5 ist eine wichtige Regel illustriert:

Jeder Aspekt muß von mindestens zwei Gutachtern bearbeitet werden, und jedem Gutachter kann mehr als ein Aspekt zugeteilt sein.

A. Ort, Datum, Zeit: Sitzungszimmer "Atrium", den 11. Oktober 1991.

B. Unterlagen

1. Prüfling
   ABC.053/01, Testvorschrift "Prüfprogramm für Print P-111".
2. Vorgabe(n)
   ABC.041/05, Spezifikation "Prüfprogramm für Print P-111".
3. Richtlinie(n);
   ABC.001/09, Richtlinie "Gestaltung von Dokumenten".
   ABC.007/03, Richtlinie "Testvorschrift".
   ABC.011/02, Richtlinie "Anwendung von Testmethoden".
4. Fragenkatalog(e)
   ABC.073/04, Fragenkatalog für Testvorschriften.

C. Aspekte

1. Vollständigkeit des Testgeschirrs
2. Eindeutigkeit der Kriterien
3. Einteilung in Testabschnitte
4. Einteilung in Testsequenzen
5. Güte der Testdaten:
   Funktions- und Eingabe-Überdeckung erreicht?
6. Korrektheit der spezifizierten Testfälle bezüglich Spezifikation
7. Vollständigkeit des Dokuments bezüglich Richtlinien
8. Korrektheit des Dokuments bezüglich Richtlinien

D. Rollen und Zuteilung der Aspekte

1. Moderator: V.   Ermittler
2. Gutachter und Aspekte

O.	Berster	1., 3., 4., 7.
S.	Pezifikator	2., 4., 5., 6.
N.T.	Wickler	3., 6., 8.
Q.U.	Alitäter	2., 5., 6., 7.
N.O.	Vize	1., 2., 7., 8.

3. Aktuar: F.   Ederknecht
4. Autor: L.U. De Big

E. Traktanden

1. Vorbereitungszeit erfassen
2. Generellen Eindruck einholen
3. Befunde notieren und gewichten
4. Empfehlung beschließen und begründen

Abb. 3.5: Review-Einladung

Im weiteren sieht man, daß keine zwei Gutachter die gleiche Kombination zu bearbeiten haben. Dieses Vorgehen sichert unabhängige Beurteilung der gleichen Fragestellung durch mehrere Personen und zwingt die Gutachter, den gleichen Prüfling aus verschiedenen Blickwinkeln zu betrachten.

3.3.3 Vorbereitung

Eine gute Vorbereitung ist die notwendige Basis für eine erfolgreiche Review-Sitzung. In diesem Schritt wird die zentrale Aufgabe des Reviews erledigt, die Suche nach den Fehlern. Der Moderator muß alle Voraussetzungen schaffen, daß die Gutachter sich effizient vorbereiten können.

Der *Moderator* vergewissert sich, ob alle Gutachter im Besitze der Unterlagen sind (die interne Post könnte fehlgelaufen sein) und fragt nach, ob die Vorbereitungszeit ausreicht. Auf diese freundliche Art wird indirekt Druck für die unbedingt notwendige Vorbereitung erzeugt. Manchmal ist eine Intervention beim *Manager* oder Vorgesetzten nötig, damit die Gutachter den erforderlichen Freiraum erhalten – in der Vorbereitungsphase der einzige Beitrag des Managers.

Sollte der Moderator den Eindruck gewinnen, daß die Gutachter keine Gelegenheit haben, sich gewissenhaft vorzubereiten, dann ist er verpflichtet, das Review abzubrechen. Er darf sich nicht für eine Alibi-Übung mißbrauchen lassen. Dies würde nicht nur unnötige Kosten verursachen, sondern auch, was viel teurer ist, die Reviews in Verruf bringen ("Es kommt sowieso nichts dabei heraus").

Die Hauptlast der Vorbereitungsarbeit liegt bei den *Gutachtern*; jeder "durchleuchtet" den Prüfling nach den ihm zugeteilten Aspekten (vgl. Abbildung 3.6). Die Konzentration auf spezielle Aspekte ist wichtig, sie erhöht die Wirksamkeit des Reviews. In Einführungskursen überrascht die meisten Teilnehmer, wieviel Neues sie in einem für sie bekannten Text finden, wenn sie ihn nach vorgegebenen Aspekten untersuchen.

Die Konzentration auf die vorgegebenen Aspekte schließt aber nicht aus, daß man andere Probleme erkennt. Alle Mängel, auf die man stößt, werden notiert. Geringfügige Fehler werden direkt im Dokument markiert, gewichtige Befunde, die man in der Sitzung vorbringen möchte, werden separat formuliert.

Mit den Markierungen des Prüflings werden Review-Sitzung und Review-Bericht von Kleinigkeiten entlastet. Wenden alle Gutachter die Korrekturregeln des Dudens an, so sind Unklarheiten weitgehend ausgeschlossen.

Prüfen Sie bitte das Dokument als Vorbereitung zur Sitzung gemäß den Ihnen in Punkt D der Einladung zugeteilten Aspekten aus der folgenden Liste.

Aspekt "Form": Ist die Darstellung im Dokument sinnvoll?

a1 Sind alle Anforderungen als solche erkennbar, d.h. von Erklärungen unterscheidbar?

a2 Sind alle Anforderungen eindeutig referenzierbar?

a3 Ist die Spezifikation jeder Anforderung eindeutig?

a4 Sind alle Anforderungen überprüfbar formuliert?

Aspekt "Schnittstellen": Sind alle Schnittstellen eindeutig spezifiziert?

b1 Sind alle Objekte der Umgebung (Benutzer, andere Systeme, Basis-Software etc.) sowie alle Informationsflüsse von und nach diesen Objekten spezifiziert?

b2 Sind alle Benutzerklassen (Dauerbenutzer, gelegentliche Benutzer, System-Administrator, etc.) des Systems identifiziert?

b3 Ist die Bedienschnittstelle für jede der Benutzerklassen festgelegt?

b4 Ist die Bedienphilosophie einheitlich?

b5 Ist das beschriebene Bedienkonzept den Vorkenntnissen der Benutzer angemessen?

b6 Ist die Schnittstelle zur Datenerfassung eindeutig festgelegt?

b7 Sind Vorgaben gemacht bezüglich Verwendung von Betriebssystem-Funktionen, Bibliotheken und Hilfsprogrammen?

Aspekt "Zustände und Ereignisse": Sind alle Zustände und Ereignisse eindeutig spezifiziert?

c1 Sind alle möglichen Betriebsarten (off-line, online, etc.) definiert?

c2 Sind alle möglichen Betriebsmodi (Betrieb für die verschiedenen Benutzerklassen, Test, Wartung, etc.) definiert?

c3 Sind alle möglichen Betriebszustände (Normalbetrieb, reduzierter Betrieb, Notbetrieb, etc.) definiert?

c4 Sind alle Ereignisse spezifiziert, die zur Änderung des Betriebsmodus oder -zustands führen?

Aspekt "Vertraulichkeit": Sind die wesentlichen Aspekte des Datenschutzes berücksichtigt?

d1 Ist spezifiziert, welche Information vertraulich zu behandeln ist?

d2 Sind die Zugriffsrechte aller Benutzerklassen definiert?

d3 Ist definiert, gegen welche Art von unberechtigtem Zugriff die Information geschützt werden muß?

Abb. 3.6: Fragenkatalog für ein Anforderungsdokument (Auszug)

In Dokumenten (nicht Programmen) werden Fehler der folgenden Arten markiert:

- Abweichungen von Richtlinien bezüglich Identifikation, Layout und Inhalt,
- Tipp- und Rechtschreibfehler,
- fehlende Begriffe im Index und im Abkürzungsverzeichnis,
- falsche Verweise zu anderen Dokumenten oder innerhalb des Prüflings,
- falsche Verweise auf Bilder oder Tabellen.

In Programmen betreffen die Markierungen folgende Fehlerarten:

- Abweichungen von Richtlinien bezüglich Identifikation, Layout, Kommentaren oder Verwendung von Sprachelementen,
- Abweichungen von Konventionen für Benennungen,
- Tipp- und Rechtschreibfehler in Kommentaren.

Während der Vorbereitungszeit sollte der *Autor* den Gutachtern jederzeit für Fragen zur Verfügung stehen. Im übrigen übt er sich in Enthaltsamkeit: Er darf das Arbeitsergebnis (vorerst) nicht mehr verändern.

3.3.4 Die Review-Sitzung

Die Review-Sitzung ist auf zwei Stunden beschränkt. Über eine längere Dauer ist die notwendige Konzentration nicht aufzubringen. Diese zeitliche Vorgabe beschränkt auch den Umfang des Prüflings (oder erzwingt mehrere Sitzungen).

Ziel der Sitzung ist es, den Prüfling in Bezug auf die Vorgabe und Richtlinien zu beurteilen. Die Bewertung gibt die Meinung der (Mehrheit der) Gutachter wieder. Aufgrund der Befunde wird eine Empfehlung für den Manager ausgesprochen, den Prüfling zu akzeptieren (mit mehr oder weniger umfangreichen Änderungen) oder den Prüfling einer wesentlichen Überarbeitung zu unterziehen und die geänderte Version in einem weiteren Review zu prüfen. Der Zweck ist nicht, die aufgeworfenen Probleme zu lösen oder Lösungen zu diskutieren. Zunächst soll eine Bestandsaufnahme über den Prüfling als Ganzes erstellt werden, damit nach der Sitzung entschieden werden kann, welche Probleme zu beheben sind und mit welchen Problemen man im Projekt weiter leben will oder muß.

Das *Review-Team* umfaßt vier bis sieben Personen: Im Minimum den Moderator, den Autor, zwei Gutachter und den Aktuar (in Personalunion), in größter Besetzung zwei oder drei weitere Gutachter und einen Aktuar. Mit dieser Beschränkung soll sichergestellt werden, daß die Sitzung überschaubar bleibt, daß sich die Gutachter nicht langweilen und alle ihre Befunde anbringen können.

Der *Moderator* leitet die Sitzung. Am Anfang erkundigt er sich, wieviel Zeit die Gutachter für die Vorbereitung aufgewendet haben und welchen Gesamteindruck sie vom Prüfling haben. In extremen Fällen, wenn der Prüfling indiskutabel ist oder die Gutachter unzureichend vorbereitet sind, kann er die Sitzung schon jetzt abbrechen. Andernfalls werden die einzelnen Befunde erfaßt. Jeder Befund muß auf seine Gültigkeit hin geprüft und gewichtet werden. Dazu sollte der Moderator einen Konsens der Gutachter herbeiführen.

Der Moderator sollte selbst keine Befunde anbringen. Seine Aufgabe ist vielmehr, dafür zu sorgen, daß alle Gutachter ihre Befunde mitteilen können und daß die Regeln für die Review-Sitzung eingehalten werden.

Es hat sich als nützlich erwiesen, in jeder Umgebung einen Satz von Regeln für die Review-Sitzung, einen "Review-Knigge", aufzustellen. Die Regeln stecken den Rahmen des Reviews ab und helfen, negative gruppen-dynamische Effekte auszuschließen. Abbildung 3.7 zeigt einen Satz bewährter Regeln.

Mit dem Durchsetzen derartiger Regel stellt der Moderator sicher, daß die Sitzung nicht in eine uferlose Diskussion über Problemlösungen, in eine Debatte über Belanglosigkeiten oder zum persönlichen Affront gegen den Autor ausartet.

Der Prüfling wird in der Sitzung mit Vorteil seiten- (oder kapitel-)weise behandelt. Zu jeder Seite gibt jeder Gutachter seine Befunde bekannt. Auf diese Weise entsteht eine für die Nachbearbeitung günstig geordnete (sequentielle) Liste der Befunde. Außerdem kommen alle Gutachter immer wieder zum Zug. Eine Behandlung der einzelnen Aspekte über den ganzen Prüfling hinweg ergibt lange Pausen für die jeweils unbeteiligten Gutachter.

Man vergesse nicht, "gut" zu notieren, wenn eine Seite (oder Kapitel) ohne Fehl und Tadel ist! Das tut der Seele des Autors gut und hilft bei der Nachprüfung, Fälle von "Verschlimmbesserung" zu erkennen.

Die Aufgabe der *Gutachter* besteht darin, mit möglichst präzisen (aber auch prägnanten) Formulierungen ihre Befunde zu berichten, damit sie vom Aktuar protokolliert werden können. Die Befunde müssen als Fest-stellungen, nicht als Lösungen formuliert sein: Keine Belehrungen, sondern Beobachtungen sind gefragt. Ansonsten sollten sie sich entsprechend den allgemeinen Regeln (vgl. Abbildung 3.7) verhalten.

Allgemeine Regeln für die Review-Sitzung

1. Die Review-Sitzung wird auf zwei Stunden beschränkt. Falls nötig wird eine weitere Sitzung, frühestens am nächsten Tag, einberufen.

2. Der Moderator hat das Recht, eine Sitzung abzusagen oder abzubrechen, wenn
   - einer oder mehrere Experten nicht erscheinen oder ungenügend vorbereitet sind,
   - er aus irgendeinem Grund nicht imstande ist, die Sitzung erfolgreich und effizient zu leiten.
   Der Grund des Abbruchs ist zu protokollieren.

3. Das Resultat und nicht der Autor stehen zur Diskussion:
   - Die Gutachter müssen auf ihre Ausdrücke und Ausdrucksweise achten.
   - Der Autor darf weder sich noch das Resultat verteidigen.

4. Der Moderator darf nicht gleichzeitig als Gutachter fungieren.

5. Allgemeine Stilfragen (außerhalb der Richtlinien) dürfen nicht diskutiert werden.

6. Die Entwicklung oder Diskussion von Lösungen ist nicht Aufgabe des Review-Teams.

7. Jeder Gutachter muß Gelegenheit haben, seine Befunde angemessen präsentieren zu können.

8. Der Konsens der Gutachter zu einem Befund ist laufend zu protokollieren.

9. Befunde sind nicht in der Form von Anweisungen an den Autor zu protokollieren.

10. Die einzelnen Befunde sind zu gewichten als
    - kritischer Fehler (Prüfling für den vorgesehenen Zweck unbrauchbar, Fehler muß vor der Freigabe behoben werden)
    - Hauptfehler (Nutzbarkeit des Prüflings beeinträchtigt, Fehler sollte vor der Freigabe behoben werden),
    - Nebenfehler (beeinträchtigen den Nutzen kaum),
    - Gut (fehlerfrei, bei Überarbeitung nicht ändern)

11. Vom Review-Team ist eine Empfehlung über die Annahme des Prüflings abzugeben:
    - akzeptieren (ohne Änderungen)
    - akzeptieren (mit Änderungen, kein weiteres Review)
    - nicht akzeptieren (weiteres Review erforderlich)

12. Am Schluß haben alle Sitzungsteilnehmer das Protokoll zu unterschreiben.

Abb. 3.7: Allgemeine Regeln für die Review-Sitzung

Der vom Moderator bestimmte *Aktuar* protokolliert die Befunde. Er tut dies für alle sichtbar (und leserlich). Das kann auf einem Hellraumprojektor oder an einem Flip-Chart erfolgen. Damit spart man viel Zeit und verhindert Mißverständnisse: Jeder Gutachter weiß, zu was er ja oder nein sagt. Zudem ist sichergestellt, daß alles notiert wurde.

Der *Autor* sollte sich passiv verhalten und in der Erwartung, daß ihm die Gutachter bei der Verbesserung seines Produktes helfen wollen, der Diskussion offen zuhören. Seine einzige Aktivität besteht darin, grobe Mißverständnisse aufzuklären und, auf gezielte Fragen hin, Auskunft geben. Am Ende der Sitzung hat er die verteilten und nun markierten Kopien des Prüflings einzusammeln, damit er die Markierungen in sein Korrektur-Exemplar übernehmen kann. (Außerdem sind damit die ungültigen Versionen aus dem Verkehr gezogen.)

Der Moderator muß bestrebt sein, das Review-Team zu einem Konsens zu bewegen. Die Empfehlung an den Manager kann entweder *akzeptieren*, *akzeptieren mit Überarbeitung* oder *nicht akzeptieren* lauten. Wenn eine Überarbeitung empfohlen wird, kann das Review-Team eine erneute Review-Sitzung verlangen oder die Nachkontrolle an den Moderator oder einen der Gutachter delegieren.

3.3.5 Review-Bericht

Der formale Nachweis, daß ein Review stattgefunden hat und was dabei herausgefunden wurde, wird mit einem Review-Bericht erbracht. Er hat bis zu drei Bestandteile:

1. *Zusammenfassung* (vgl. das Beispiel in Abbildung 3.8).

   Sie enthält die Angaben über Datum, Zeit und Ort der Review-Sitzung, die aufgewendete Vorbereitungszeit, die Liste der verwendeten Unterlagen, den Konsens des Review-Teams in Form einer Empfehlung, Zusammenfassung der Gründe für diese Empfehlung, die Namen der Teilnehmer und ihre Unterschriften.

2. *Liste der Befunde* (vgl. das Beispiel in Abbildung 3.9):

   a) *im Prüfling*. Alle positiven und negativen Befunde, die den Prüfling betreffen.

   b) *in den Referenzunterlagen*. Nur negative Befunde mit Bezug auf die Vorgaben, gültige Richtlinien und Fragenkataloge.

<table>
<tr><td colspan="4" align="center">R E V I E W - Z U S A M M E N F A S S U N G</td></tr>
<tr><td colspan="2">Review Nr.:</td><td colspan="2">Arbeitspaket Nr.:</td></tr>
<tr><td colspan="2">Datum:</td><td colspan="2">Zeit: bis</td></tr>
<tr><td colspan="4">Vorbereitungszeit (Gutachter):</td></tr>
<tr><td colspan="4">PRÜFLING(E)
   Nummer/Version   Titel

</td></tr>
<tr><td colspan="4">REFERENZUNTERLAGEN
   Nummer/Version   Titel

</td></tr>
<tr><td colspan="2">EMPFEHLUNG

o akzeptieren
   (kein neues Review erforderlich)

o nicht akzeptieren
   (neues Review erforderlich)

o Review nicht beendet</td><td colspan="2">

o wie es ist

o kleine Änderungen

o grosse Änderungen
o komplette Überarbeitung</td></tr>
<tr><td colspan="4">ZUSAMMENFASSUNG

</td></tr>
<tr><td colspan="4">BEILAGEN
___ Seite(n) Liste der Befunde im Prüfling
___ Seite(n) Liste der Befunde in den Referenzunterlagen</td></tr>
<tr><td colspan="2">REVIEW-TEAM
  Name</td><td>Datum</td><td>Visum</td></tr>
<tr><td colspan="2">(Moderator)</td><td></td><td></td></tr>
<tr><td colspan="2">(Gutachter)</td><td></td><td></td></tr>
<tr><td colspan="2">(Gutachter)</td><td></td><td></td></tr>
<tr><td colspan="2">(Gutachter)</td><td></td><td></td></tr>
<tr><td colspan="2">(Gutachter)</td><td></td><td></td></tr>
<tr><td colspan="2">(Gutachter)</td><td></td><td></td></tr>
<tr><td colspan="2">(Autor)</td><td></td><td></td></tr>
</table>

RSR-4D

Abb. 3.8: Review-Zusammenfassung

<table>
<tr><td colspan="4">LISTE DER BEFUNDE

o IM PRÜFLING

o IN DEN REFERENZUNTERLAGEN</td></tr>
<tr><td colspan="3">Beilage zu Review-Zusammenfassung Nr.:</td><td>Seite: /</td></tr>
<tr><td>Nummer</td><td>Referenz</td><td>Beschreibung</td><td>Gewicht</td></tr>
<tr><td></td><td></td><td></td><td></td></tr>
<tr><td colspan="4">Gewicht: Kritischer Fehler / Hauptfehler / Nebenfehler / Gut</td></tr>
<tr><td colspan="4">Kennzeichnung, welche Liste der Befunde es ist, nicht vergessen !</td></tr>
</table>

RIL-4D

Abb. 3.9: Liste der Befunde

Die Mängel in den Referenzunterlagen sind nicht vom Autor des Prüflings verursacht und daher auch nicht von ihm zu beheben; hier muß der Manager für Abhilfe sorgen. Darum werden sie gesondert dokumentiert.

Es ist die Aufgabe des Moderators, den Review-Bericht des Aktuars zum Schluß von allen Beteiligten unterschreiben zu lassen und nach der Sitzung rasch zu verteilen.

3.3.6 Die "dritte Stunde"

Die Effizienz der Review-Sitzung, ablesbar an der Anzahl festgehaltener Befunde, ist nur befriedigend, wenn die Diskussion möglicher Lösungen vermieden werden kann. Dies fällt den Gutachtern nicht leicht: Entwickler sind gewohnt, in Lösungen zu denken.

Damit die guten Ideen zur Lösung nicht verloren gehen und die Gutachter frustriert die Sitzung verlassen, kann sich an die Review-Sitzung eine formlose "dritte Stunde" anschließen. Hier können die Beteiligten in entspannter Runde ihre Einfälle zum Besten geben und mit dem Autor diskutieren. Dieses Zusammensein kann auch zur Manöverkritik genutzt werden. Was ist richtig, was ist falsch gelaufen in diesem Review?

3.3.7 Nacharbeit

Der *Manager* ist der erste Empfänger des Review-Berichts. Er muß ihn so schnell wie möglich lesen und einen Entscheid fällen: Überarbeitung oder Freigabe. Falls er sich für Überarbeitung entscheidet, muß er den Umfang festlegen und die Mittel dafür bereitstellen. Kommt er zu dem Schluß, den Prüfling entgegen der Empfehlung freizugeben, so verantwortet er alle Konsequenzen. Selbstverständlich teilt er die Gründe hierfür dem Review-Team mit.

Der *Autor* überarbeitet gegebenenfalls sein Arbeitsergebnis anhand der Liste der Befunde und der markierten Unterlagen. Er sollte genau das ändern, was vom Review-Team verlangt wurde, nicht mehr und nicht weniger. D.h. er muß versuchen, für alle negativen Befunde eine Lösung zu finden, ohne dabei die als gut befundenen Teile zu beschädigen. Auf keinen Fall darf er Schnörkel, also nicht geforderte Verbesserungen anbringen, wenn er einen nichtendenden Zyklus aus Änderungen und Reviews vermeiden will.

Mit der neuen Version des Prüflings liefert ein aufmerksamer Autor eine Liste der durchgeführten Änderungen (mit Referenzen zur Liste der Befunde), darunter eventuell auch solche, die sich erst bei der Revision als notwendig gezeigt haben.

Bei kleinen Mängeln übernimmt der *Moderator* oder ein *Gutachter* allein die Nachkontrolle und orientiert den Manager, der den Prüfling freigibt. Waren die Mängel gravierend, so wird *dasselbe* Review-Team eine neue Prüfung durchführen. Es ist wichtig, die Kontinuität zu wahren. Neue Personen müssen sich erst einarbeiten und werden oft die bereits besprochenen Punkte erneut aufwerfen. Das geht auf Kosten der Effizienz.

3.3.8 Analyse

Alle beteiligten oder informierten Personen können aus den im Review entdeckten Fehlern lernen. Bei den Mitgliedern des Review-Teams gibt es diese implizite Schulung kostenlos als Nebeneffekt. Eine systematische Auswertung der Resultate erhöht den Nutzen beträchtlich. Von den vielen Möglichkeiten dafür seien hier drei genannt:

1. Durch Quervergleich mehrerer Projekte kann der Einfluß verschiedener Parameter festgestellt werden (z.B. Organisationsstruktur, Werkzeugeinsatz, Programmiersprache).

2. Durch Längsvergleich im Projekt kann analysiert werden, welchen Einfluß echte oder vermeintliche Probleme, die in den frühen Phasen erkannt worden waren, auf den weiteren Verlauf des Projekts hatten.

3. Ein Längsvergleich über mehrere Projekte kann die Wirksamkeit von Änderungen im Entwicklungsablauf belegen oder widerlegen.

Solche Datensammlung und Auswertungen können natürlich nicht im Projekt geleistet werden, sie sind Sache des Qualitätswesens.

In jedem Fall ist zu beachten, daß Review-Resultate nur für die Team-Mitglieder, den Manager und das Qualitätswesen bestimmt sind. Sie sollten wie Zeugnisse und andere personenbezogene Daten eingeschlossen und vertraulich behandelt werden.

3.4 Review-Strategie

Mit technischen Reviews kann also jedes Stück Software, sei es ein Dokument oder eine Programmeinheit, geprüft werden. Wieviele Reviews soll man aber in einem konkreten Projekt durchführen? Lohnt es sich, jedes Stück Papier einem Review zu unterziehen? Bevor wir diese Fragen beantworten und eine sinnvolle Strategie festlegen können, wollen wir einige Überlegungen über Aufwand und Nutzen anstellen und auf publizierte Erfahrungen zurückgreifen.

3.4.1 Aufwand und Nutzen von Reviews

Zur Abschätzung des Aufwands wollen wir auf der Basis von Erfahrungswerten zwei Fälle durchrechnen, ein Review von einem Dokument und ein Review von einer Programmeinheit. Damit man die Vorgabe von zwei Stunden für die Review-Sitzung einhalten kann, muß man sich bei Dokumenten auf etwa 50 Seiten, bei Programmeinheiten auf etwa 20 Seiten für ein Review beschränken.

Größere Dokumente müssen in mehreren Reviews überprüft werden. Entweder verteilt man dann die Aspekte auf verschiedene Reviews, oder man unterteilt das Dokument. Die Verteilung der Aspekte ist dann vorteilhaft, wenn sie von verschiedenen Review-Teams bearbeitet werden müssen (oder können).

	Dokumente	Code
Maximaler Umfang für Review	50 Seiten	20 Seiten
Zahl der Gutachter	5	3
Review-Vorbereitung relativ	10 Seiten / Std.	5 Seiten / Std.
Aufwand Review-Vorbereitung	25 Stunden	12 Stunden
Aufwand Review-Sitzung absolut	14 Stunden	10 Stunden
Summe Review-Aufwand	5 Personentage	3 Personentage
Erstellungsaufwand relativ	2 Seiten / Tag	1 Seite / Tag
Erstellungsaufwand absolut	25 Personentage	20 Personentage
Review- zu Erstellungsaufwand	20 %	15 %

Abb. 3.10: Aufwand für Reviews

Für die Ermittlung des Aufwands für Reviews wird in der Abbildung 3.10 mit fünf Gutachtern für Reviews von Dokumenten und drei Gutachtern für Code-Reviews gerechnet. Beim Aufwand der Review-Sitzung werden zusätzlich der Moderator und der Autor berücksichtigt.

Der Aufwand für Reviews beträgt also zwischen 15 und 20 % des Erstellungsaufwands eines Prüflings. Was bekommen wir dafür?

Der Nutzen konsequent und effizient ausgeführter Reviews liegt darin, daß wir mit einem Review etwa 60 - 70 % der Fehler in einem Dokument finden können, bevor die Fehler in folgende Arbeitsschritte verschleppt werden. Für die gefundenen Fehler reduziert sich die Latenzzeit wesentlich.

Wenn man berücksichtigt, daß die Behebungskosten eines Fehlers exponentiell mit seiner Latenzzeit (vgl. Abbildung 1.5) zunehmen, so erscheinen Angaben plausibel, die über eine Reduktion der Fehlerkosten in der Entwicklung von 75 % und mehr berichten.

Auf die gesamte Entwicklung bezogen werden Einsparungen von 14 % bis 25 % genannt (Bush, 1990). In der letzten Zahl ist der Mehraufwand für Reviews bereits enthalten, d.h. die Nettoverbesserung liegt in der Größenordnung von 20 % für die Entwicklung, für die Wartung werden Werte über 30 % berichtet. Ein Potential, das man rasch (innerhalb eines Jahres) und ohne große Investition nutzen kann.

3.4.2 Umfang von Reviews

Nun zur Frage, welche und wieviele Entwicklungsresultate in Reviews geprüft werden sollen. Damit nicht alle Mitarbeiter nur noch mit Reviews beschäftigt sind, sollte man sich auf die kritischen Entwicklungsresultate konzentrieren.

Folgende Kriterien helfen bei der Auswahl von Arbeitsergebnissen, die in Reviews zu prüfen sind:

- Ergebnisse, die dem Anwender oder Auftraggeber sichtbar sind. Dazu gehören mindestens Anforderungsdokument, Abnahmetestvorschrift und Benutzerhandbuch.

- Ergebnisse, die Festlegungen wesentlicher Schnittstellen enthalten, z.B. Systementwurf, Teilsystementwurf.

- Ergebnisse, die, aus welchen Gründen auch immer, mit hohem Risiko behaftet sind, z.B. technisches Neuland, für Benutzer kritische Funktionalität oder Merkmale, komplexe Teile, Arbeitsresultate neuer Mitarbeiter.

- Zentrale Teile, die von mehreren Komponenten des Systems verwendet werden.

- Teile, die zeit- oder speicherplatzkritisch sind.

Damit sind etwa 50 % aller Arbeitsergebnisse Kandidaten für ein Review. Diesen Anteil sollte man bei größeren Vorhaben anpeilen. Der Aufwand für Reviews wird damit in der Gegend von 10 % des Erstellungsaufwands liegen. Die Faustregel lautet:

Je kleiner das Vorhaben, desto größeren Anteil der Arbeitsergebnisse mit Reviews prüfen!

Ein winziges Projekt, von einer Person in sechs Monaten durchgezogen, produziert nicht so viel Papier, daß man es sich nicht leisten könnte, alles (= 100 %) mit Reviews zu prüfen. Nur so kann man verhindern, daß die Entwicklung in eine Sackgasse gerät oder daß die Person unentbehrlich wird.

3.5 Werkzeuge und Hilfsmittel, Fragenkataloge

3.5.1 Werkzeuge und Hilfsmittel

Leider gibt es keine Werkzeuge, die uns erlauben, beim Review das Kind im Manne anzusprechen. Daher ist diese Technik auch für den Markt - und damit die Werbung - uninteressant. (Ein Jammer, wenn man bedenkt, was hier alles versprochen werden könnte!)

Werkzeuge zur statischen Analyse von Programmen (vgl. Kapitel 4.3) und spezielle Generatoren von Cross-Reference-Listen nehmen den Gutachtern in der Vorbereitung mühsame Arbeit ab. Editoren und Such-programme erleichtern die Bearbeitung mancher Aspekte (z.B. Vollständig-keit oder Konsistenz). Sofern der Prüfling auch in maschinenlesbarer Form verteilt wird, kann man diese unspektakulären Werkzeuge sinnvoll einsetzen.

Ein angenehmer Sitzungsraum hilft, die von vornherein vorhandene Spannungssituation zu mildern. Benötigt wird genügend Tischfläche, weil man zeitweise mit viel Papier hantieren muß. Im Sitzungsraum muß ein Hellraumprojektor vorhanden sein, damit man die Befunde für alle sichtbar notieren kann. Erfrischungsgetränke für die kurze Pause nach einer Stunde sollten schnell erreichbar sein. Die allgemeinen Regeln in Form eines Posters können die Aufgabe des Moderators erleichtern: Statt jemanden direkt in die Schranken zu weisen, braucht er nur auf den betreffenden Punkt hinzu-weisen (wo ein Cartoon für Erheiterung sorgt).

Die wichtigsten Hilfsmittel muß das Review-Team mitbringen: Verstand, Sachkenntnis, Fairness, Team- und Konsensfähigkeit sowie Disziplin, die Technik durchzuhalten, auch wenn die Zeit der spektakulären Resultate vorbei ist. Die Fragenkataloge, Formulare für die Vorbereitung und für die Protokollierung sind die wenigen nützlichen Dinge, die dem Review-Team helfen, sich auf das Wesentliche zu konzentrieren.

Sehr wertvoll ist eine Datenbank, in der die im Review gefundenen Fehler gespeichert werden. Durch Analyse dieser Daten (vgl. Kapitel 3.3.8) kann man herausfinden, welche Fehler am häufigsten gefunden werden, und die Entwicklungsmethoden gezielt verbessern. Sammelt man in dieser Datenbank auch die Fehler, die in Reviews durchgeschlüpft und erst im Test oder Betrieb zum Vorschein gekommen sind, so kann man anhand ihrer Analyse die Fragenkataloge verbessern.

3.5.2 Fragenkataloge

Das allerwichtigste Hilfsmittel beim Review sind die Fragenkataloge. Fragenkataloge sind einerseits in Frageform gekleidete Richtlinien, andererseits enthalten sie "Hypothesen" von vermuteten Schwachstellen im zu prüfenden Dokument.

Die Fragen müssen so formuliert sein, daß sie mit "ja" oder "nein" beantwortet werden können, z.B. "Sind alle Funktionen eindeutig referenzierbar?". Hier ist "ja" die "gute Nachricht" und dies sollte für alle Fragen gelten.

Zudem bedeutet die positive Antwort mit "ja", daß der ganze Prüfling bezüglich der Fragestellung ohne Fehl und Tadel ist. Fällt die Antwort negativ aus, dann sind alle Stellen im Prüfling anzugeben, die bezüglich der Fragestellung mangelhaft sind. Auf diese Stellen beziehen sich die negativen Befunde im Review-Bericht. Die derart formulierten Fragen sind manchmal gewunden. Diesem kleinen Nachteil steht jedoch die leichtere Auswertung der Ergebnisse gegenüber.

Noch ein Hinweis zur Formulierung von Fragen:

Je präziser die Fragestellung gelingt, desto wahrscheinlicher werden gehaltvolle Antworten.

Die beste Quelle für Fragen ist neben den Richtlinien die Erfahrung. Man sollte also überlegen:

- Wo hatten wir bis jetzt die meisten Probleme?
- In welchem Review hätten wir das Problem frühestens abfangen können?
- Wie müßte die Frage lauten, die bei dem Review auf das Problem aufmerksam gemacht hätte?

Bei dieser Post-mortem-Analyse kann man sich von alten Review- und Test-Berichten sowie Kundenreklamationen inspirieren lassen.

Es ist immer weise, auf die Erfahrung anderer zurückzugreifen. Die Literatur enthält Fragenkataloge. In Freedman, Weinberg (1982) findet man eine gute Ausgangsbasis; aber auch Berichte aus der Praxis, in denen z.B. Katastrophen analysiert sind, helfen oft auf die Sprünge: Könnte bei uns die gleiche Katastrophe auch eintreffen? Das Buch von Grams (1990) gibt ebenfalls wertvolle Anregungen.

Die Fragenkataloge werden sinnvollerweise zentral abgelegt und verwaltet, z.B. vom Qualitätswesen. Sie sollten auch dem Autor zur Verfügung stehen, damit er weiß, welchen Merkmalen er seine Aufmerksamkeit widmen soll.

3.5.3 Fragenkataloge für Dokumente

Die Sammlung von Fragenkatalogen für Dokumente ist sinnvollerweise dreiteilig aufgebaut.

1. Standard-Fragenkatalog für gemeinsame Eigenschaften aller Dokumente (entsprechend den gültigen Dokumentationsrichtlinien)

   Er enthält Fragen, die für alle Dokumente, unabhängig von ihrem Inhalt, relevant sind. Zum Beispiel Fragen nach der Kennzeichnung, dem Layout, dem Aufbau, der Textgestaltung und ähnlichem.

2. Standard-Fragenkataloge für die verschiedenen Arten von Dokumenten (entsprechend den Richtlinien für die spezifischen Dokumente)

   Sie enthalten Fragen, die nur gewisse Dokumente betreffen, z.B. nach dem Inhalt, nach der Darstellung gewisser Inhalte, nach der Übereinstimmung mit Vorgaben, nach den Merkmalen des Produkts und ähnlichem.

3. Prüflingspezifischer Fragenkatalog (entsprechend spezifischen Anforderungen oder Randbedingungen)

   Er enthält Fragen, die konkret den Inhalt des zum Review anstehenden Dokuments betreffen. Der Fragenkatalog muß vor jedem Review neu ausgearbeitet werden, spätestens nachdem das Dokument vorliegt und eine erste Durchsicht (z.B. durch den Moderator) mögliche Schwachstellen erahnen läßt.

3.5.4 Fragenkataloge für Code

Wie bei den Dokumenten ist auch für Code eine Dreiteilung günstig.

1. Standard-Fragenkatalog für alle Programme

   Er enthält Fragen, die für alle Programme, unabhängig von der Programmiersprache, zu stellen sind. Die Fragen betreffen die Kommentierung, Regeln der strukturierten Programmierung, Wahl der Bezeichner und ähnliches.

2. Standard-Fragenkatalog für die jeweilige Programmiersprache

   Er enthält Fragen, die nur für die betreffende Programmiersprache sinnvoll sind. Verwendung von Sprachelementen oder (bekannte) gefährliche Lösungswege können beispielsweise Inhalt dieser Fragen sein.

3. Prüflingspezifischer Fragenkatalog

   Sofern gewisse Risiken bis zum Codieren mitgeschleppt wurden, sind hier spezifische Fragen zum Prüfling zusammenzustellen.

3.6   Hinweise für die Review-Praxis: ein Erste-Hilfe-Kasten

3.6.1 Voraussetzungen für die Einführung von Reviews

Die folgenden Voraussetzungen müssen erfüllt sein, damit Reviews die in sie gesetzten Erwartungen erfüllen und nicht wie Seifenblasen nach kurzem Leben fast spurlos verschwinden. Sie sollten jedoch nicht als Ausrede dienen, um die Einführung von Reviews zu vertagen. Die einzige unabdingbare Voraussetzung ist die erste:

Das Material ist vorhanden

- Die Resultate der einzelnen Entwicklungsschritte müssen dokumentiert vorliegen. Ergebnisse in den Köpfen der Entwickler kann man nicht prüfen.

- Die einzelnen Dokumente müssen inhaltlich so gestaltet sein, daß die früher erstellten als Vorgabe dienen. Wenn man nur den "Zwischenstand des Wissens" dokumentiert und fortschreibt, fehlt eine wichtige Voraussetzung für die Prüfung: die Vorgabe, mit der das Arbeitsergebnis verglichen werden kann.

- Die Dokumentation muß so gegliedert sein, daß die einzelnen Dokumente nicht allzu umfangreich (max. 50-70 Seiten) ausfallen.

Das Umfeld stimmt

- Die Führungskräfte sind vom Potential der Reviews überzeugt und wollen es nutzen. Sie verwenden die (abstrahierten) Resultate z.B. bei der Bewertung von Fortschrittsberichten und verzichten bei Termindruck nicht als erstes auf Reviews.

- Es gibt mindestens einen Bannerträger, der mit der Review-Technik vertraut ist und auf alle mit Reviews in Zusammenhang stehenden

Fragen eine kompetente Antwort erteilen kann. Er muß vom Sinn und Nutzen der Reviews überzeugt sein und mit einer gewissen Hartnäckigkeit immer wieder auf ihre Durchführung hinwirken (Agitation).

Die Unternehmenskultur stimmt

- Die Entwickler sind bereit, ihre Schneckenhäuser zu verlassen und ihre Arbeitsergebnisse einer kritischen Würdigung auszusetzen ("egoless programming"). Sie sind auch bereit, die Resultate ihrer Kollegen fair und ohne persönliche Ressentiments zu prüfen.

- Es herrscht ein Arbeitsklima, in dem ein Fehler keinen Gesichtsverlust bedeutet und nur der als Versager betrachtet wird, der aus den erkannten Fehlern, seien es seine oder die der Kollegen, nicht lernen will oder kann.

- Durch etablierte Mechanismen (Qualitätswesen) ist sichergestellt, daß das ganze Unternehmen, nicht nur der einzelne Mitarbeiter, aus den Fehlern lernen kann. Zusammenarbeit und gegenseitige Förderung sind erwünscht und werden unterstützt.

- Die Führungskräfte mißbrauchen keine Daten, die zur Beurteilung der Qualität von Arbeitsergebnissen erhoben werden.

Die Wirtschaftlichkeit der Maßnahmen kann ausgewiesen werden

- Im Unternehmen gibt es eine funktionierende Erfassung und Archivierung der wesentlichen Daten, also mindestens der Entwicklungs-, Prüf- und Fehlerbehebungskosten sowie Fehlerraten. Nur so kann mittelfristig die durch Reviews erzielte Verbesserung belegt werden.

3.6.2 Der Autor: Software-Entwickler in ungewohnter Rolle

Für viele Entwickler ist es noch fremd, das Arbeitsergebnis von der Person getrennt zu betrachten. Es ist kaum üblich, daß jemand, der nicht unmittelbar beteiligt ist, ein Dokument oder gar ein Programm liest.

Diese unglückliche Grundhaltung wird meist schon in den Grundkursen der Programmierung gelehrt. Vergleichen wir damit den Deutschunterricht: Die Schüler lernen den Gebrauch ihrer Muttersprache durch

a) Kritik des Lehrers an ihren eigenen Texten (insbesondere Aufsätzen)
b) Lektüre und Analyse vorbildlicher Texte (Prosa, Stücke, Lyrik).

Übertragen auf die Informatik müßten Programme und Dokumente der Lernenden sorgfältig und kompetent *kritisiert*, also nicht nur wie üblich von älteren Studenten oberflächlich auf die nackte Aussage darin geprüft werden; gute Dokumente und Programme müßten gelesen und *analysiert* werden, statt daß man den Schülern den "Faust" in die Hand drückt und sagt: Macht es auch so!

Im Zusammenhang mit der Einführung von Reviews müssen die Verantwortlichen dafür sorgen, daß diese Überlegungen den Entwicklern nahegebracht werden. Diese haben später, wenn sie erstmals in der Rolle des Autors sind, trotzdem noch Mühe, aber sie wissen wenigstens, woher die Schwierigkeit kommt und wie sie überwunden wird.

3.6.3 Einführung der Reviews

Am Anfang haben die Gutachter ihre helle Freude an technischen Reviews, die Autoren leiden. Die vorgelegten Prüflinge sind meist von ungenügender Qualität. Das Fehlen von Richtlinien oder ihre Mißachtung wirkt sich stark aus. Bemängelt werden vor allem Gestaltungsfehler (fehlendes Inhaltsverzeichnis oder Stichwortregister, Layout, Darstellungsarten etc.) und Formulierungen (unpräzise, marktschreierisch, nicht definierte Begriffe etc.). Die formalen Fehler dominieren, weil sich den Gutachtern hier eine einfache, offene Angriffsfläche bietet.

Bei der Einführung von Reviews muß man daher rasch alle Mitarbeiter mindestens einmal die Rolle des Autors "auskosten" lassen. So erreicht man gemeinsame Maßstäbe bezüglich der formalen Aspekte. Die vorhandenen Richtlinien werden in Erinnerung gerufen und wo nötig verbessert oder ganz verworfen, so daß bald jede Richtlinie entweder aus dem Verkehr gezogen ist oder beachtet wird.

Bei der Einführung lauern einige Gefahren. Hier sind einige Tips, wie man sie umschiffen kann.

Kleines Projektteam

Bei kleinen Projekten kann man den Aufwand gering halten, indem ein Gutachter die Arbeitsergebnisse gegenliest und seine Beobachtungen im Review-Bericht festhält (kostet beinahe nichts, nutzt allen). Bevor dieser verteilt wird, wird er mit dem Autor besprochen. Diese Vereinfachung sollte aber nicht auf die Anforderungsspezifikation angewendet werden. Da sie die Referenz für viele Prüfungen in einem Projekt ist, ist sie immer gründlich zu prüfen.

Eine Abmachung unter Kollegen mit dem Inhalt "Fertigstellung eines Arbeitsergebnisses ist ein Interrupt höchster Priorität, der vom Kollegen mit Gegenlesen abgearbeitet werden muß" führt zu erstaunlichen Ergebnissen.

Mangel an geeigneten Moderatoren

Der Moderator muß die allgemeinen Regeln der Sitzungsleitung ebenso beherrschen wie die Review-Technik; er sollte die Gepflogenheiten der Software-Entwicklung kennen. Seine Persönlichkeit spielt dabei eine wichtige Rolle. Damit wird ersichtlich, was wir zur Ausbildung von Moderatoren tun können.

Allgemeine Kurse für Sitzungsleiter werden oft angeboten. Darin kann man die elementaren Techniken erlernen, z.B. wie man stille Teilnehmer in die Diskussion zieht oder Schwätzer bremst, um eine Diskussion aller Teilnehmer zu erreichen. Die Review-spezifischen Techniken lassen sich in einem zweitägigen Kurs vermitteln. Dabei stehen die folgenden Punkte im Vordergrund:

- Die Vorbereitung eines Reviews, einschließlich Auswahl der Aspekte und Bereitstellung der Fragenkataloge.

- Die Planung der Sitzung selbst mit Erstellen der Einladung sowie Auswahl der Aspekte und ihre Zuteilung an die Gutachter.

- Die Rolle des Moderators in der Sitzung. Dazu gehört die Behandlung der Fragen:
  - Wieviel soll und darf der Moderator führen?
  - Wie wird die Bewertung der Befunde effizient herbeigeführt?
  - Wie wird am Ende des Reviews der Konsens gebildet?

- Die Protokollierung der Review-Sitzung.

- Die Arbeiten des Moderators nach der Sitzung: die Weitergabe des Resultats, sein Beitrag bei der Definition der weiteren Maßnahmen, die Kontrolle der Nacharbeiten.

Fehlende Expertise im Projekt

Primär sollten Projekt-Mitarbeiter als Gutachter aufgeboten werden. Bei fehlender Expertise oder Mangel an Gutachtern kann man einen Austausch von Gutachtern mit anderen Projekten vereinbaren. Für spezielle Gebiete (z.B. Leistungsmodellierung, Datenbank-Entwurf) kann man auf Expertise von außen (Forschungsinstitute, Hochschulen, Berater) zurückgreifen.

Übereifer

Man sollte keinesfalls alle in einem Projekt bereits vorhandenen Arbeitsergebnisse *nachträglich* einem Review unterziehen. Vor lauten Reviews käme das Projekt nicht mehr vom Fleck. Ebenso schädlich könnte es sein, bei der Planung eines grösseren Projekts für *alle* Resultate Reviews vorzusehen.

3.6.4 Der eingeschwungene Zustand

Autoren, deren Resultate im Review zerzaust wurden, werden selbstkritisch (Schreibtischtest) und suchen vermehrt das Gespräch mit den Kollegen im Vorfeld des Reviews, um sich abzusichern. Mit der Zeit werden immer bessere Arbeitsergebnisse vorgelegt, das Vergnügen verschiebt sich zu den Autoren hin, und die Gutachter haben eine schwierige Aufgabe. Sie müssen sich, da die Richtlinien nun selbstverständlich befolgt werden, auf eine Bewertung der technischen Inhalte einlassen.

Damit ist eine Änderung der Strategie fällig: Reviews werden nicht mehr angesetzt, um alle Entwickler als Autoren zu erfassen, sondern um alle kritischen Resultate zu prüfen. In diesem stationären Zustand müssen Management und Qualitätswesen dafür sorgen, daß das Rad nicht zurückgedreht wird:

- Verwässerungen der Prüfstrategie bekämpfen.
- Moderatoren ausbilden (zum Ausgleich der Fluktuation und der Beförderungen, denn gute Leute haben eine kleine Halbwertzeit).
- Den Prüfprozeß laufend verbessern.
- Den Entwicklungsprozeß anhand von Resultaten der Analyse laufend verbessern (vgl. Kapitel 3.3.8).

3.6.5 Reviews von Programmen

Eine populäre, aber sicher falsche Meinung ist, daß sich ein Review des Codes nicht lohne. Tatsächlich kann man durch Reviews im Programmcode viele Fehler wesentlich billiger als durch Testen finden.

Für das Review spricht, daß Fehler nicht nur erkannt, sondern gleichzeitig lokalisiert sind. Nach dem Test ist der Fehler dagegen nur bemerkt und muß anschließend, unter Umständen mit großem Aufwand, erst noch lokalisiert werden. Zudem kann man beim Programmcode auch mit kleinerem Review-Team arbeiten; hier sei an die (vorbereiteten) Walkthroughs erinnert (vgl. Kapitel 3.1.4). Außerdem kann man im Test nur die Korrektheit und Effizienz feststellen, andere Merkmale des Programmcodes jedoch nicht. Wie wollte man z.B. die Wartbarkeit testen?

3.7 Spickzettel für die Beteiligten

3.7.1 Tips für den Manager

Manager müssen akzeptieren, daß es ihnen (zunehmend) an technischer Kompetenz und an Zeit mangelt und sie daher nicht alle Arbeitsergebnisse selbst beurteilen können. Um einen Entscheid treffen zu können, benötigen sie das Urteil kompetenter Personen – des Review-Teams.

Die Erfahrung zeigt, daß eine Vereinfachung des Verfahrens, also der Verzicht auf einen der genannten Schritte oder die Mißachtung einer der Regeln, das Review entwertet. Hier liegt häufig die Erklärung für Mißerfolge.

Wahl des Moderators

Der *Moderator* ist die entscheidende Person, was den Erfolg des Reviews betrifft. Er ist der Motor und die Seele des Unterfangens. Damit er es wirklich sein kann, muß er mit bestimmten Fähigkeiten und Eigenschaften ausgestattet sein.

Für einen Moderator unabdingbar ist die Fähigkeit, zwischen gegensätzlichen Standpunkten vermitteln zu können. Hierzu muß er "zwischen den Worten hören" und "Worte in Begriffe und umgekehrt übersetzen" können. Dies kann nur gelingen, wenn er zwar eine eigene Meinung hat, diese aber zurückhalten kann. Schon gar nicht gefragt ist ein voreingenommener Moderator.

Damit der Moderator sicherstellen kann, daß alle Gutachter angemessen zu Wort kommen, muß er die Übersicht bewahren und aufmerksam sein. Einmal mehr zahlt es sich aus, wenn er sich nicht bemüßigt fühlt, die eigene Meinung in die Waagschale zu werfen (selbst in die Diskussion involviert, verliert er zwingend die Übersicht). So kann er aufmerksam beobachten, ob alle an der Meinungsbildung teilnehmen und versuchen, die Schüchternen aus der Reserve zu locken, die Schwätzer abzublocken.

Der Moderator muß so viel Sachverstand aufbringen, daß er der Diskussion folgen kann, daß er die Aussagen der Gutachter deuten und abwägen kann. Er muß daher den Prüfling gelesen haben, nicht um Fehler zu finden, sondern um den Inhalt zu kennen und zu verstehen. Detailkenntnis und Stolz auf von ihm selbst gefundene Fehler könnten ihn an der Wahrnehmung seiner Aufgabe hindern.

Kandidaten für die Moderation sind Personen, die am Projekt nicht direkt beteiligt sind und aufgrund ihrer Persönlichkeit und Kompetenz auf irgendeinem Gebiet von den Mitwirkenden akzeptiert sind. Mit diesem "natürlichen Respekt" ausgestattet ist es einfacher, ein Review zu einem guten Ende zu führen.

Das Qualitätswesen ist eine gute Adresse für Moderatoren (sofern es in ihrem Unternehmen nicht als Abstellgleis dient). Im Qualitätswesen findet man kompetente Mitarbeiter, die gewohnt sind, nach einem Konsens zu suchen. Zudem haben sie den erforderlichen Abstand.

In kritischen Situationen (z.B. bei drohendem Konflikt) kann es günstig sein, den Moderator sogar von außen zu holen. Je größer die Distanz zwischen Moderator und Gutachter, umso einfacher lassen sich störende Einflüsse im Review zurückbinden.

Review-Team ernennen und Aspekte auswählen

Als erster muß der Moderator bestimmt werden. Dieser ist bei der Auswahl der Aspekte und der Gutachter zu Rate zu ziehen. Zunächst sind die Aspekte auszuwählen, deren Beurteilung durch die Gutachter vorrangig ist. Die Auswahl richtet sich nach den Erfahrungen in vergangenen Projekten, nach dem bisherigen Verlauf des Projekts sowie nach den (vermuteten) Schwächen und Stärken des Autors. Als Leitlinie gilt: Diejenigen Aspekte auswählen, welche die größten Risiken verbergen.

Die Wahl der Gutachter richtet sich nach den Aspekten. Es muß sichergestellt sein, daß für jeden Aspekt mindestens ein qualifizierter Gutachter am Review beteiligt ist. Bei der Zusammensetzung des Review-Teams ist zudem die menschliche Seite zu berücksichtigen:

> *Personen, deren Stellung oder Beziehung zueinander Konflikte*
> *hervorrufen könnte (wie und warum auch immer),*
> *sollten nicht im selben Review-Team sitzen.*
> (nach Freedman, Weinberg 1982)

Es sind nur Gutachter zu ernennen, die auch das Interesse haben, einen Beitrag zu liefern, d.h. zur Verbesserung des vorliegenden Arbeitsergebnisses beizutragen.

Im Review-Team dürfen nicht mehr als sieben Personen sitzen. Bei mehr als fünf Gutachtern kann der Moderator Gruppenbildungen (Aktive und Passive, Kompromißlose und Mitfühlende, etc.) kaum verhindern.

Es darf nicht passieren, daß sich bestimmte Mitarbeiter immer in der Rolle des Autors und nie in der Rolle des Gutachters finden. Der Versuch der Sabotage wird eher bei der Rolle des Autors unternommen. Entwickler, die gern ihren Kommentar zu anderen Arbeiten geben, sich selbst aber ungern in die Karten schauen lassen, müssen rasch bekehrt werden. Dies gilt gegebenfalls auch für die Mitarbeiter des Qualitätswesens!

Teilnahme an Reviews

Das erste Gesetz für Manager lautet: Sich heraushalten (der Abwesende)!

Wenn es aus sachlichen Gründen unumgänglich ist, muß der Manager notfalls teilnehmen, vorausgesetzt, er ist bereit, die zugeteilte Rolle als Gutachter oder Aktuar zu spielen (der Schauspieler). Die Rolle des Moderators kommt sicher nicht in Frage.

Ist der Manager der Ansicht, daß er die Güte der Reviews (nicht die der Teilnehmer!) nur beurteilen kann, wenn er bei den Review-Sitzungen dabei ist, dann soll er bei *allen* Review-Sitzungen anwesend sein. Er übernimmt in diesem Fall keine der Rollen und greift in den Verlauf der Sitzung nicht ein (der Schweiger).

Unabhängig von seiner Teilnahme gilt der Grundsatz: Die Wirksamkeit der Reviews muß sichtbar gemacht werden. Jeder Mitarbeiter muß die Ergebnisse der Reviews hinsichtlich Finanzen und Fehler kennen. Erfolg wirkt (fast) immer motivierend.

Allgemeine Regeln für den Manager

Der Manager sollte sich an folgende Empfehlungen halten (vgl. auch Freedman, Weinberg 1982):

- Nach der Einführung zu den Reviews stehen und den Entscheid nicht bei Termindruck zurücknehmen, z.B. durch Streichung von Reviews oder der Vorbereitung (vgl. Kapitel 3.2).

- Der Aufwand für Reviews ist so groß, daß er nicht in der Kaffee-Pause oder am Feierabend erbracht werden kann. Die Zeit insbesondere für die Vorbereitung der Gutachter muß budgetiert und geplant sein.

- Reviews dürfen nicht als Alibis verwendet werden. Ein unter Druck erzieltes "positives" Resultat schadet dem Projekt.

- Das Resultat des Reviews ist eine Empfehlung aus sachlicher, technischer Sicht. Setzt sich ein Manager nach Abwägen aller wesentlicher Gründe über die Empfehlung hinweg, ist es wichtig, den Entscheid dem Review-Team zu erläutern.

3.7.2 Tips für den Moderator

Der Moderator sorgt für eine entspannte Atmosphäre in der Review-Sitzung. Er läßt den Autor weder zur Zielscheibe werden noch zum (Angriffe provozierenden) Alleinunterhalter. Er setzt die allgemeinen

Gebote für das Review-Team durch, wenn es sein muß, durch Vorlesen der passenden Regel, ein überraschend wirksames Mittel.

Zur Review-Sitzung

Die Frage nach der Vorbereitungszeit ermöglicht ein Urteil, ob die Sitzung sinnvoll ist. Der Moderator kann Gutachter, die nicht genügend vorbereitet sind, von der Sitzung ausschließen. Neben der Zeit kann man nach Freedman (1990) auch die Anzahl der vorbereiteten negativen Befunde je Gewichtung erfragen. Dies relativiert die aufgewendete Vorbereitungszeit und ermöglicht es dem Moderator festzustellen, ob in der Sitzung alle Befunde genannt wurden.

Das Einholen des generellen Eindrucks erbringt die Argumente für oder gegen den Eintritt in das Hauptverfahren, die Aufnahme der Befunde. Bei *sehr* vielen Befunden ist es wahrscheinlich möglich, die grundsätzlichen Mängel in wenigen Sätzen zu charakterisieren, eine komplette Überarbeitung des Prüflings nahezulegen und die Sitzung nach einer Viertelstunde zu schließen.

Erfahrungsgemäß sind die sehr guten und sehr schlechten Teile schnell identifiziert. Die Zeit geht in der Grauzone von vielleicht guten, vielleicht schlechten Teilen verloren. Ein gewiefter Moderator wird darum zwei Durchgänge machen: Im ersten wird er nur evidente Befunde akzeptieren, im zweiten die strittigen zu erfassen versuchen (falls noch Zeit dafür übrig bleibt). Der andere Trick ist, die Gutachter aufzufordern, bei jedem Befund gleich die Gewichtung nach ihrem Ermessen mitzuteilen. So kann man vermeiden, daß man über einen Nebenfehler lange diskutiert.

Die Beschränkung auf zwei Stunden ist ernst zu nehmen.

Was von kompetenten Mitarbeitern in dieser Zeit nicht erledigt werden kann, ist vermutlich zu komplex, um weiterer Verwendung zugeführt zu werden.

Nach zwei Stunden wird ohnehin nichts Vernünftiges mehr zustande gebracht: Die Konzentration läßt nach, die Review-Sitzung entartet entweder zu einem Kopfnicker- oder Debattierklub. Bei der Einführung neigt man dazu, diese Regel zu mißachten. Sie ist strikt einzuhalten, die Review-Sitzung ist nach zwei Stunden abzubrechen und eventuell eine Fortsetzungssitzung anzusetzen. So nutzt man die Zeit wesentlich effizienter.

Die dritte Stunde kann vom Moderator jeweils mit der Aufforderung eingeleitet werden, die durch das Review eingesparten Kosten zu schätzen (Schäfer, 1990). Sind diese höher als die Aufwendungen für das Review, dann wurde erkennbar eine nützliche Arbeit geleistet. Man geht mit einem guten Gefühl auseinander.

3.7.3 Zur Rolle des Gutachters

Die Gutachter können nicht für die Qualität des Prüflings verantwortlich gemacht werden. Sie sind für die Qualität der Beurteilung, die im Review-Bericht enthalten ist, verantwortlich, d.h. dafür, daß

- die als gut befundenen Teile wirklich gut sind,
- die als mangelhaft bezeichneten Teile tatsächlich schlecht sind und
- die Beschreibung der Mängel klar und eindeutig ist, so daß sie behoben werden können.

Für die Qualität dieser Information haften sie "in corpore". Wenn sie den Prüfling für gut befunden haben, dann übernehmen sie eine Art Solidarhaftung mit dem Autor.

Rahmenbedingungen für die Vorbereitung

Die Gutachter können sich nur dann zweckmäßig vorbereiten, wenn sie neben der benötigten Zeit auch Ruhe für ihre Arbeit finden. Sie müssen die Möglichkeit haben, in der Vorbereitungszeit unerreichbar zu sein (z.B. Tür zu, Telefon umgeleitet).

Lesen von Dokumenten und Code

Eine der größten Schwierigkeiten beim Lesen von Dokumenten und Code ist das Zurückstellen der eigenen Stilgewohnheiten. Denn das Unbehagen über den fremden, ungewohnten Stil lenkt ab und verhindert die objektive Beurteilung des Inhalts.

In einem ersten schnellen Durchgang lernt man den Prüfling kennen. Fallen dem Leser bei diesem "Laden des Kontexts" gewisse Sachverhalte auf, vermerkt er die Seitennummer bei den entsprechenden Fragen aus dem Fragenkatalog oder mit einer Bemerkung auf einem Notizblatt. Bei den anschließenden Durchgängen – einen für jeden der zugeteilten Aspekte – schlägt man nur noch die Seiten auf, die für die Fragestellung relevant sind und notiert die Befunde entweder direkt im Prüfling oder auf einem Formblatt (z.B. der Liste der Befunde aus Abbildung 3.9).

Erfahrungsgemäß geht in den Review-Sitzungen die meiste Zeit mit dem Formulieren der Befunde verloren. Die Gutachter notieren sich höchstens Stichworte und formulieren ihre Befunde "on-line" in der Sitzung, umständlich und ausschweifend. Ein gut vorbereiteter Gutachter kommt mit "druckreifen" Befunden in die Review-Sitzung, die folgende Angaben enthalten:

- Stelle, an der der Fehler auftritt, z.B. Kapitel 3.3, 2. Absatz;
- *was* vom Fehler betroffen ist, z.B. der Gültigkeitsbereich des Datenelements xy;
- *warum* es ein Fehler ist, z.B. ist im Widerspruch zu Kapitel 2.4 b);
- eigene Einschätzung des Gewichts, z.B. Hauptfehler.

In der Sitzung wird der Befund "Kapitel 3.3, 2. Absatz: der Gültigkeitsbereich des Datenelements xy ist im Widerspruch zu Kapitel 2.4 b), Hauptfehler" ohne zusätzlichen Kommentar mitgeteilt. Erst wenn er vom Aktuar notiert ist, eröffnet der Moderator die Diskussion. Sollte der Konsens ergeben, daß dies doch kein Fehler ist, wird der Befund gestrichen.

3.7.4 Zur Rolle des Aktuars

Erforderliche Fähigkeiten

Für die Rolle des Aktuars kommen nur Personen in Frage, die

- leserlich schreiben können,
- zuhören und Wesentliches erkennen können (weil die Gutachter doch wortreich ihre Befunde vorbringen),
- kurz und präzise formulieren können (weil nur die Essenz des Befundes, die jedoch vollständig, festgehalten werden muß),
- in der Lage sind, nicht in Lösungen zu denken, also nicht zur Formulierung von Anweisungen neigen.

Der Aktuar ist nicht der Moderator

Durch die Tatsache, daß man vorne sitzt und schreibt, kommt man als Aktuar leicht in Versuchung, die Initiative an sich zu reißen und die Arbeit des Moderators zu übernehmen. Dieser Versuchung muß der Aktuar widerstehen können, obwohl er angehalten ist, den Moderator in der Wahrnehmung seiner Aufgabe zu unterstützen.

Kapitel 4

Weitere Aspekte

der Software-Prüfung

In diesem Kapitel werden einige Aspekte behandelt, die wir nicht vertiefen können oder wollen; das "können" bezieht sich auf unseren Erfahrungsbereich, das "wollen" auf die Zielsetzung, eine handliche Anleitung vorzulegen.

Zwei Fragen sollen hier wenigstens angetippt werden:

- Wieweit gelten die Aussagen der ersten Kapitel, wenn die zu prüfende Software "nichtkonventionell" realisiert ist, also mit den Mitteln der logischen oder der objektorientierten Programmierung?

- Welche Hilfe bei der Prüfung bieten uns Werkzeuge?

Zu beiden Fragen ist die Literatur dürftig, die Praxis verschleiert.

4.1 Prüfung objektorientierter Programme

Die meisten Grundsätze der Software-Prüfung gelten offenbar unabhängig vom Stil der Realisierung. Vor allem Reviews sind kaum von einem Wechsel des *Paradigmas* betroffen. Aber auch die Auswahl der Testfälle, sei es Black-Box oder Glass-Box, ist von den Strömungen weitgehend unabhängig.

Neue Überlegungen sind aber notwendig, wo die Struktur der Programme einen Einfluß hat. Beispielsweise wird der Test konventioneller Programme typisch parallel zur Integration, also bottom-up, fortschreiten, wenn nicht zu Beginn eine Schichtenstruktur definiert wurde, in die die Programme "eingehängt" werden können.

In objektorientierten Programmen ist ein solcher Aufbau von unten nach oben nicht möglich, da die Vererbung nur ein Vorgehen von oben nach unten zuläßt. Wir beschäftigen uns darum in diesem Abschnitt vor allem mit der Frage, in welcher Reihenfolge die Prüfungen durchgeführt werden sollten. Unmittelbar damit verbunden ist die Frage, wie die Programme zu strukturieren sind, damit eine Prüfung überhaupt Aussicht auf Erfolg hat.

4.1.1 Die Klasse: Grundbaustein objektorientierter Programme

Objektorientierte Programme sind in Wahrheit *klassenorientiert*; die Klasse ist der zentrale Begriff und der Baustein, aus dem die Programme gebaut werden. (Die *Instanzen* der Klassen, die *Objekte*, könnten, um im Bild zu bleiben, als der Putz auf der Wand oder die Dachziegel bezeichnet werden. Man sieht sie, aber sie tragen nicht das Gebäude.)

Eine *Klasse* ist ein *Begriff*, ein Schema, nach dem alle Objekte der Klasse gebildet werden. In der Klassenbeschreibung sind alle klassenspezifischen Merkmale definiert, nämlich Operationen, die für die Objekte zugelassen sind, und der Zustandsraum, also das "Gedächtnis" jedes Objekts.

Zwei Beziehungen prägen die Struktur, die die Klassen miteinander verbindet:

- Die Objekte einer Klasse können (durch ihre Operationen) die Objekte anderer Klassen *benutzen*. Zwischen den beiden Klassen besteht also eine *benutzt-Relation*.

- Die Objekte einer Klasse können teilweise durch eine abstraktere Klasse definiert sein; in diesem Fall *erbt* die Klasse der Objekte die Merkmale der *Oberklasse*. In solch einem Fall gehören die Objekte beiden Klassen (oder allgemeiner ihrer direkten Klasse und allen ihren Oberklassen) an. Man spricht von einer *ist-ein-Relation* oder von *Vererbung*.

Beide Bedingungen sind uns aus dem täglichen Leben geläufig:

- Ein Radio benutzt eine Sendestation. Diese ist nicht Teil des Radios; aber ohne Sender ist das Radio nicht zu gebrauchen.

- Ein Radio ist ein elektroakustisches Gerät, also auch ein elektrisches Gerät. Es erbt von diesen Oberbegriffen alle Merkmale, beispielsweise das Prinzip der Wandlung von Strom in Schall oder umgekehrt und das Prinzip der Stromversorgung aus dem Netz oder aus einer Batterie.

Man beachte, daß auch hier die Aussagen nicht über spezielle Objekte, sondern über Klassen gemacht sind, sie gelten für Radios, Sendestationen und elektrische Geräte im allgemeinen.

4.1.2 Prüfung der Klassen

Jede Prüfung, Review wie Test, muß darauf abzielen, sukzessive Einheiten zu identifizieren, die als gut eingestuft und damit von anderen Einheiten gefahrlos in Anspruch genommen werden können. Wie sieht das bei den Klassen aus?

Die benutzt-Relation stellt gegenüber der konventionellen Programmierung keine Neuerung dar, sie ist dort als Aufrufbeziehung z.B. zwischen Prozeduren seit langem bekannt. Wir können also auch hier wahlweise bottom-up (von der benutzten zur benutzenden Klasse) oder top-down prüfen; im letzteren Falle sind zum Test wieder Stümpfe erforderlich.

Die Vererbung dagegen erfordert unbedingt für das Implementieren wie für das Prüfen ein Vorgehen von der allgemeinen zur speziellen Klasse. Damit eine Klasse sinnvoll geprüft werden kann, müssen also alle Oberklassen geprüft sein. Wie der nachfolgende Abschnitt zeigt, kann man dabei nicht immer sicher sein, daß Feststellungen, die in irgendeiner Klasse getroffen wurden, auch in allen Unterklassen gültig bleiben.

4.1.3 Arten der Vererbung zwischen Klassen

Bei der Vererbung sind einige spezielle Konstruktionen zu berücksichtigen, die auf die Prüfung erheblichen Einfluß haben:

- Die *strikte* Vererbung erlaubt nur eine einfache Spezialisierung, d.h. die Objekte der Unterklasse haben alle in den Oberklassen definierten Merkmale. Diese Beziehung ist relativ unproblematisch.

- *Nicht-strikte* Vererbung liegt vor, wenn in den Unterklassen nicht nur Ergänzungen, sondern auch Veränderungen gegenüber der Oberklasse vorgenommen werden. Beispielsweise könnte man Beamte als Unterklasse der Angestellten modellieren (d.h. Beamte sind spezielle Angestellte); allerdings erhalten sie ihre Bezahlung im voraus und sind nicht kündbar. In diesem Falle gelten also bestimmte Operationen der Oberklasse nicht oder in veränderter Form für die Unterklasse.

- *Mehrfachvererbung* liegt vor, wenn es zu einer Klasse mehrere Oberklassen gibt. Formal kann man sich diese Situation so vorstellen, daß eine Menge in der Schnittmenge zweier anderer liegt, z.B. die Klasse "elektrische Lokomotive" in den Klassen "elektrisches Gerät" und "Fahrzeug".

Bei strikter Vererbung reicht es aus, die zur Unterklasse neu hinzugefügten Operationen zu prüfen. Die bereits geerbten Operationen müssen nicht mehr geprüft werden, weil sie in keiner Weise durch die Unterklasse verändert worden sind.

Ist die Vererbung jedoch nicht-strikt, so reicht es nicht mehr aus, nur die neu hinzugefügten Operationen zu prüfen. Es müssen zusätzlich alle diejenigen geerbten Operationen geprüft werden, deren Implementierung verändert worden ist oder die direkt oder indirekt veränderten Operationen verwenden. Dies ist notwendig, weil geerbte Operationen im Kontext der neuen Unterklasse eine neue Semantik erhalten haben, die auch andere Operationen verändern kann (siehe Kapitel 4.1.5).

Aus diesen Überlegungen folgt, daß eine Unterklasse nicht getestet werden kann, ohne daß man über den Aufbau und die Realisierung ihrer Oberklassen informiert ist; eine Oberklasse kann nicht als Black-Box betrachtet werden.

4.1.4 Prüfen eines ganzen Programms

Bislang haben wir nur das Prüfen entlang einer Beziehung, der Vererbung, behandelt. In einem Programm kommen aber beide, benutzt-Relation und Vererbung, vor. Wie geht man zweckmäßig vor?

Betrachtet man die Verflechtung von benutzt-Relation und Vererbung, so ist es sinnvoll, beim Prüfen zuerst die Klassen entlang der benutzt-Relation (top-down), dann die Klassen entlang dem Vererbungspfad zu betrachten.

Bei der Architektur eines Programms nach Abbildung 4.1 ergibt diese Vorgehensweise folgende Reihenfolge:

1. Zuerst werden die von A benutzten Klassen A1 und A2 geprüft.

2. Anschließend wird die Klasse A selbst geprüft.

3. Bevor die Klasse B geprüft werden kann, muß die von ihr benutzte Klasse F geprüft sein. Dazu werden

    a) zuerst die von deren Oberklasse E benutzten Klassen E1 und E2
    b) und daraufhin die Klasse E geprüft.

4. Nachdem F geprüft ist, kann B geprüft werden.

5. Nun kann auch D geprüft werden.

6. Die von der Klasse C benutzte Klasse C1 wird als nächste geprüft.

7. Zum Schluß bleibt die Prüfung der Klasse C.

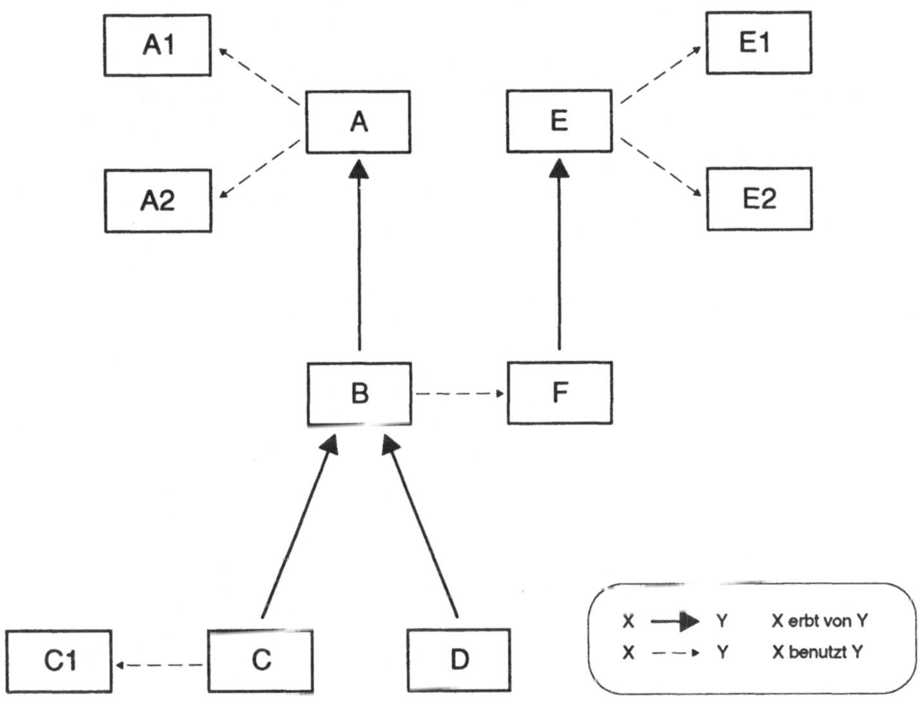

Abb. 4.1: Architektur eines objektorientierten Programms, Beispiel

4.1.5 Hinweise zur Strukturierung

Generell ist zu beachten, daß die beiden Relationen, Benutzung und Vererbung, sorgfältig unterschieden und diszipliniert verwendet werden müssen, damit die Programme übersichtlich, prüfbar und wartbar bleiben. Die Beispiele (leider auch in der Literatur) zeigen öfter das Gegenteil. Vor allem die Vererbung wird laufend als Makro-Technik mißbraucht, d.h. eine Klasse erbt nicht, weil sie die Spezialisierung einer anderen darstellt, sondern weil sie irgendeinen Aspekt aus der anderen wiederverwenden kann; das fällt eigentlich nicht mehr unter Erben, sondern unter Fledderei. So kommt es, daß manchmal nicht das Quadrat als die Spezialisierung des Rechtecks definiert wird, sondern umgekehrt (weil das Rechteck vieles von dem braucht, was das Quadrat bietet, und noch ein bißchen mehr). Es muß dringend davor gewarnt werden, die Prinzipien der Modellierung als Programmiertricks zu mißbrauchen.

Die beiden erweiterten Konzepte, nicht-strikte und mehrfache Vererbung, erhöhen zwar die Flexibilität, erschweren aber die Prüfung erheblich.

Die nicht-strikte Vererbung hat zur Folge, daß Operationen nicht mehr sicher die gleiche Bedeutung haben, wie in der Oberklasse definiert. Das ist offensichtlich, wenn sie in einer Unterklasse neu definiert sind. Aber auch diejenigen Operationen, die scheinbar unverändert geblieben sind, können von der Änderung betroffen sein, denn in der Vererbungshierarchie können (beispielsweise in Smalltalk mittels "self") auch Zugriffe auf Unterklassen erfolgen. Dieser Sachverhalt wird an folgendem Beispiel (vgl. Abbildung 4.2) deutlich.

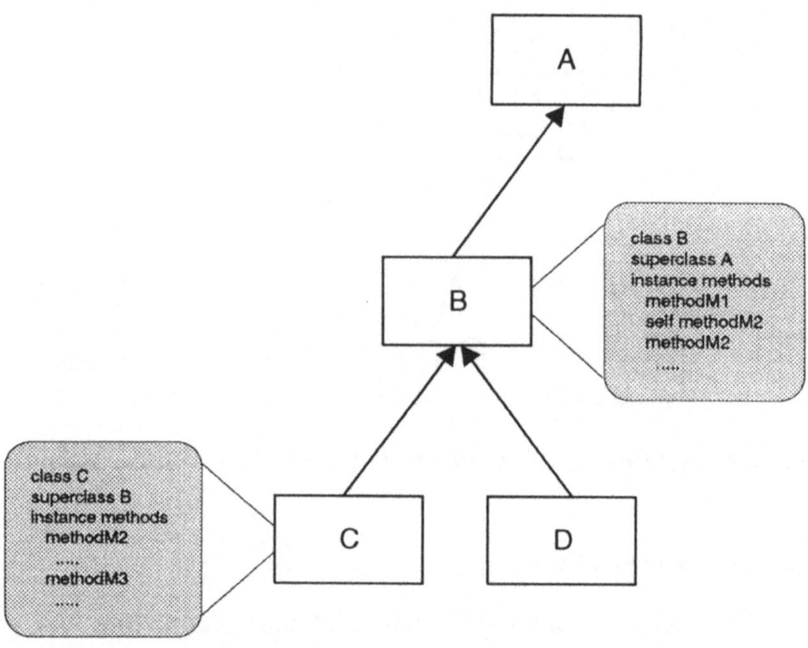

Abb. 4.2: Nicht-strikte Vererbung, Beispiel

In der Klasse B ist eine Methode (Operation) "methodM1" definiert, die mittels "self" auf die Methode "methodM2" zugreift. Wird nun die Klasse C als Unterklasse von B eingeführt und "methodM2" darin neu definiert, so ist für die Klasse C auch "methodM1" verändert. Sie muß neu geprüft werden, denn wenn ein Objekt aus der Klasse C die Botschaft (Operationsaufruf) "methodM1" erhält, so wird zwar nach den Regeln der Vererbung "methodM1" der Klasse B ausgeführt, darin aber "methodM2" aus der Klasse C. Die Methode "methodM1" hat also eine andere Semantik erhalten, obwohl sie auf den ersten Blick gar nicht geändert wurde.

Die Mehrfachvererbung ist bezüglich der Prüfung unschädlich, solange die geerbten Merkmale nicht zu Unklarheiten oder Widersprüchen führen. Allerdings gilt generell, daß das Verständnis der Programme durch die Einordnung in eine einfache Baumstruktur wesentlich erleichtert, d.h. durch die Mehrfachvererbung entsprechend erschwert ist. Darum ist es guter Stil, von der Mehrfachvererbung nur soweit Gebrauch zu machen, wie sie nicht durch Umbenennungen oder Redefinitionen zu unübersichtlichen Strukturen führt.

In Anbetracht der vielen schlechten Beispiele in der einschlägigen Literatur liegt es aus der Sicht des Software Engineerings nahe, von der Mehrfachvererbung ganz abzuraten; wirklich klar scheinen die Verhältnisse einzig dann zu bleiben, wenn die Mehrfachvererbung nur verwendet wird, um Klassen bestimmte Schnittstellen vorzugeben. In diesem Falle vererben die Oberklassen nur *Anforderungen* (sogenannte virtuelle Methoden), die in den Unterklassen erst mit Inhalt zu füllen sind. Vererbung bedeutet dann nicht, daß die Unterklasse alles kann, was die Oberklasse kann, sondern daß sie alle Ansprüche erfüllen muß, die in der Oberklasse formuliert sind; die Oberklasse selbst kann nichts.

4.2 Prüfung logischer Programme

Prolog in seinen verschiedenen, aber ähnlichen Varianten ist bei weitem die gebräuchlichste logische Programmiersprache. Darum wird hier die Prüfung logischer Programme am Beispiel von Prolog diskutiert.

4.2.1 Prädikate, Fakten und Regeln

Prolog-Programme bestehen aus einer Menge von Prädikaten. Jedes Prädikat ist durch seinen Prädikatsnamen und seine Stelligkeit, d.h. die Zahl der Parameter, identifiziert. Ein Prädikat wiederum besteht aus einer Menge von Fakten und Regeln. Fakten entsprechen wahren (d.h. als gegeben betrachteten) Beziehungen zwischen Objekten (dies sind nicht die Objekte der objektorientierten Programmierung!). So definiert z.B.

```
wetter (koeln, montag, schlecht).

wetter (genf, montag, gut).

wetter (benediktbeuren, dienstag, gut).

ferienort (reinhard, koeln).

ferienort (horst, genf).

ferienort (kai, benediktbeuren).
```

zwei Prädikate, "wetter / 3" und "ferienort / 2". Diese Prädikate bestehen aus Fakten. Das letzte besagt, daß zwischen den Objekten "kai" und "benediktbeuren" die Beziehung "ferienort" besteht, informell also, daß "benediktbeuren" der Ferienort von "kai" ist.

Regeln beschreiben Folgerungen, nämlich, daß die Beziehung zwischen den Objekten auf der linken Seite besteht, wenn die auf der rechten Seite der Regel stehenden Voraussetzungen erfüllt (wahr) sind. So definiert z.B.

```
gutelaune (Person, Tag):- ferienort (Person, Ort), wetter (Ort, Tag, gut).

gutelaune (horst, JedenTag).
```

das Prädikat "gutelaune", das aus einer Regel und einem Faktum besteht. Die Regel besagt informell, daß eine Person an einem Tag gute Laune hat, wenn das Wetter an ihrem Ferienort gut ist. Außerdem besagt das Faktum, daß die Person "horst" immer gute Laune hat, wenn "JedenTag" so definiert ist, daß es durch jeden Wochentag ersetzt werden kann (hier nicht gezeigt).

4.2.2 Test logischer Programme

Prolog-Programme, die in der oben geschilderten Welt des "pure Prolog" geschrieben sind, haben für die Prüfung die angenehme Eigenschaft der "referential transparency". Die Ableitung des Resultats ist unabhängig von der Reihenfolge, in der die Prädikate definiert sind; Fernwirkungen sind ausgeschlossen. "pure Prolog"-Programme sind bestens geeignet für "Kompositionen", weil aus geprüften Teilen zusammengesetzte Programme nicht durch den Prozeß des Zusammensetzens fehlerhaft werden können. Damit bestehen (insbesondere für den bottom-up-Test) hervorragende Voraussetzungen für die Prüfung.

Andererseits zeigt aber die Erfahrung bei der Entwicklung großer logischer Programme, daß häufig zu "impure Prolog" gegriffen werden muß, gekennzeichnet durch die Anwendung von Prädikaten mit Nebenwirkungen (wie "assert", "retract"), Metalogik ("var", "==") oder Prädikaten, die den Ablauf der Auswertung beeinflussen (wie "!" = "cut"). Damit gehen die angenehmen Eigenschaften des "pure Prolog" zu einem großen Teil verloren und müssen über geeignete Konventionen (z.B. die Unterscheidung zwischen "in"- und "out"-Parametern) wieder erzwungen werden.

4.2.3 Unterstützung des Tests logischer Programme

Prolog-Systeme basieren auf einem *Arbeitsspeicher*-Konzept. Die Definitionen der Prädikate, die in der Regel in Dateien abgespeichert sind, müssen in den Arbeitsspeicher geladen werden, bevor sie verwendet werden. Moderne Prolog-Systeme bestehen entweder aus einem Compiler und einem Interpreter oder aus einem inkrementellen Compiler. Bei einem gut entworfenen Prolog-System hat dies keine negativen Auswirkungen auf den Testvorgang. Die Konversion zwischen Programmen und Daten in beiden Richtungen (zur "Laufzeit"), wie das z.B. für Lisp-Systeme bekannt ist, ist in Prolog auch immer möglich. Damit ergeben sich gute Voraussetzungen für das Erstellen von Testprogrammen in Prolog selbst:

1. Testtreiber, die Testdaten aus Dateien lesen, lassen sich einfach und elegant in Prolog selbst implementieren. Dabei kommt zum Tragen, daß Prolog auf einem universellen Datentyp, dem *Term*, aufgebaut ist.

   Für den Term existieren Ein- und Ausgabe-Prädikate (read, write, u.ä.), die auf Termen beliebiger Art und Größe operieren können, sei es eine Integer-Zahl oder ein Baum von Zeichenketten, der ein ganzes Megabyte belegt. Dies vermißt man schmerzlich bei den meisten anderen Sprachen.

2. Die Testdaten selbst brauchen nicht einfache Ein-/Ausgabe-Paare zu sein. Sowohl das zu testende Prädikat als auch das erwartete Testergebnis kann als beliebig komplexer Prolog-Aufruf formuliert sein.

3. In Prolog kann man leicht Instrumentierungen an Prädikaten anbringen, mit denen sich Überdeckungsgrade messen lassen, weil das Testsystem die zu testenden Prädikate aus dem Arbeitsspeicher extrahieren, modifizieren und wieder implementieren kann.

Auch für die Fehlersuche und -behebung wirkt sich das Arbeitsspeicher-Konzept, der universelle Datentyp Term und die Konversionsmöglichkeit zwischen Programmen und Daten positiv aus. Erschwert wird die Fehlersuche allerdings durch die fehlende Typbindung; es fehlt die nötige Redundanz, um die inkonsistente Verwendung von Objekten erkennen zu können. Besonders störend ist, daß in Prolog nicht unterschieden werden kann zwischen den folgenden Fehlerarten:

- "diese Behauptung ist falsch", z.B. gutelaune (reinhard, montag).
- "diese Behauptung ist unzulässig", z.B. gutelaune (montag, koeln).

Abhilfe bieten hier ein selbstgestrickter Type-Checker und Konventionen für die Namensgebung.

4.3 Werkzeuge für die Prüfung

Werkzeuge sind Software-Produkte, die Programme in verschiedenen Formen, beispielsweise Quellcode, Objektcode, aber auch Entwürfe in irgendeiner Notation, verarbeiten. Für das Erfüllen ihrer primären Zweckbestimmung (z.B. Übersetzen, Binden oder Zeichnen) ist es unerläßlich, daß sie ihre Eingaben auf Gültigkeit prüfen; sie dienen somit auch der Prüfung. Je strenger die syntaktischen und semantischen Regeln der Notation sind, umso ergiebiger ist deren Prüfung. Sind die Regeln zu lasch, hängt es vom Werkzeugbauer ab, wieviel Unterstützung in Form von Prüfungen die Entwickler erfahren. Oft ist es zu wenig. Dann wird der clevere Entwickler zum Werkzeugbauer und kompensiert die Nachlässigkeit des Sprachschöpfers und des Werkzeugbauers mit einfachen, selbstgebauten Hilfsmitteln.

Mittlerweile sind auch Werkzeuge speziell für die Unterstützung der Testtätigkeiten erhältlich. Der kleine Verbreitungsgrad dieser *Testwerkzeuge* ist eher überraschend, denn sie können die Tester von Routine-Arbeiten entlasten. Auch sind sie nicht teurer als das neueste CASE-Werkzeug. Offensichtlich hat die Software-Prüfung aber bei den Entwicklern und den Managern nicht den Stellenwert, den sie von der wirtschaftlichen Bedeutung her verdient.

4.3.1 Prüfungen mit Hilfe des Compilers und verwandter Werkzeuge

Jede Übersetzung eines Programms schließt Prüfungen ein, denn die meisten Compiler akzeptieren nur solche Programme, die den Syntax-Regeln der Programmiersprache genügen. In diesem Sinne stellt auch der Compiler ein Prüfwerkzeug dar.

Seine Leistung ist allerdings durch die Programmiersprache beschränkt. Während beispielsweise die Sprache Ada durch ihre klare Definition sowie ihre strengen Regeln für die Typbindung und für die Sichtbarkeit der Bezeichner sehr weitreichende Prüfungen gestattet, ist in FORTRAN vieles erlaubt, so daß der Übersetzer viele "offensichtliche" Fehler nicht erkennen muß. Hier liegt ja gerade ein wichtiger Vorteil moderner Hochsprachen.

Anwender anderer Sprachen können allerdings manches tun, um die Chancen des Compilers zur Aufdeckung von Fehlern zu verbessern. Enthält ein FORTRAN-77-Programm die Direktive IMPLICIT NONE, so kann es nicht passieren, daß ein Bezeichner versehentlich falsch eingetippt und vom Übersetzer akzeptiert wird. Generell sollten alle Möglichkeiten genutzt werden, um den Compiler möglichst wenig *permissiv*, d.h. tolerant gegenüber Abweichungen von der Sprachdefinition, zu machen.

Für C, eine für ihre Permissivität berüchtigte Sprache, gibt es inzwischen Übersetzer, die bei Zuweisungen inkompatibler Werte und bei falscher

Parameterübergabe Fehlermeldungen erzeugen, wie sie früher nur bei Sprachen mit "strong typing" bekannt waren. In jedem Falle steht aber das Werkzeug LINT zur Verfügung, um C-Programme unabhängig von der Übersetzung zu überprüfen.

Einige Werkzeuge sind durch Analyse der statischen Programmstruktur in der Lage, auch Fehler anzuzeigen, die den Ablauf betreffen, beispielsweise unerreichbaren Code oder Variablen, die lesend verwendet werden, ohne zuvor initialisiert zu sein. Im weiteren werden Fehler angezeigt, die weniger für die Funktionalität, dafür umso mehr für die Wartbarkeit von Bedeutung sind, beispielsweise definierte, aber nicht verwendete Konstanten oder Variablen. Diese kann man auch in einer vom Compiler erzeugten Cross-Reference-Liste entdecken, man müßte sie nur lesen.

Diese Werkzeuge werden in der Literatur als *Statik-Analysatoren* (*static analysers*) bezeichnet oder irreführend auch *Logik-Analysatoren* (*logic analysers*); geprüft wird weder die Logik des Programms noch des Programmierers, sondern die Sorgfalt und Disziplin, mit der die Regeln des gesunden Programmiererverstands befolgt wurden.

Allgemein gilt, daß die Verwendung einer strengen Sprache viele Fehler unmöglich macht; damit werden alle Analysatoren überflüssig, die die Entdeckung solcher Fehler unterstützten, denn sie sind bereits im Übersetzer oder im Binder enthalten. Beispielsweise benötigt man keine Schnittstellenprüfung, wenn die Sprache die Schnittstellen eindeutig festlegt und die Übersetzer und Binder Prüfungen entsprechend diesen Festlegungen durchführen. Unter diesem Aspekt schrumpfen manche CASE-Werkzeuge zu Krücken, die es dem Entwickler gestatten, humpelnd ein Ziel zu erreichen, das mit einer echten Hochsprache in lockerem Schritt erreicht wird.

4.3.2 Prüfungen mit CASE-Werkzeugen

CASE-Werkzeuge, also Werkzeuge für das *Computer Aided Software Engineering*, erfreuen sich in den letzten Jahren großer Aufmerksamkeit; allerdings ist der praktische Einsatz nach wie vor mäßig. Dafür gibt es mehrere Gründe: Einerseits versprechen die Verkäufer weitaus mehr, als die Werkzeuge halten können, so daß der Markt tief verunsichert ist und viele potentielle Anwender lieber abwarten; anderseits verschieben viele Verantwortliche angesichts der weitreichenden Konsequenzen ihre Entscheidung auf einen Zeitpunkt, da Klarheit über die *richtige* Methode und das *richtige* Werkzeug besteht – ein Zustand, den wir wohl nicht mehr erleben werden. Trotzdem ist anzunehmen, daß die Verbreitung der Werkzeuge in den nächsten Jahren zunimmt. Welche Erwartungen können unter dem Aspekt der Software-Prüfung an diesen Wandel geknüpft werden?

CASE-Werkzeuge haben in der Regel vier Aufgaben:

- Unterstützung einer bestimmten Entwicklungsmethode durch Bereitstellung der entsprechenden Notationen und Hilfsmittel, beispielsweise Editoren für Datenflußdiagramme, Datenlexikon und Minispezifikationen der Methode der Strukturierten Analyse.

- Speicherung jeglicher Information zu einem Software-Produkt in einer einzigen Datenbank, der "single source", die freilich in der Regel nicht oder nicht nur durch eine übliche Datenbank realisiert ist.

- Transformation der Darstellung, sowohl (im Sinne des Phasenmodells) horizontal, also z.B. von einer Text-Form in eine Graphik, als auch vertikal, also Umsetzung in die Darstellungsformen der folgenden Phase, beispielsweise Generierung von Code aus dem Entwurf.

- Prüfung eines Dokuments auf Konsistenz oder gegen gewisse Regeln, im besten Fall dadurch, daß widersprüchliche oder unzulässige Angaben nicht verarbeitet, sondern mit Fehlermeldung abgewiesen werden.

Alle vier Funktionen können zur Verhinderung von Fehlern und Mängeln beitragen:

- Das methodische Vorgehen verringert die Gefahr grober Versäumnisse.

- Die zentrale Ablage beseitigt das Risiko, daß verschiedene Entwickler bei ihrer Arbeit unterschiedliche Information verwenden.

- Die Transformationen präsentieren uns die Resultate in Formen, die den Überblick verbessern und damit die Erkennung von Fehlern erleichtern (auch beim Einsatz in Reviews).

- Die Prüfungen fangen gewisse Fehler ab. Dies sind vor allem Fehler "syntaktischer" Natur, beispielsweise

  - Module, die nur einseitig am Datenfluß beteiligt sind, also nichts bekommen oder nichts erzeugen;

  - fehlende Definitionen von Modulen;

  - unbearbeitete Anforderungen;

  - Verstöße gegen Strukturierungsregeln;

- Inkonsistenzen zwischen den Angaben in verschiedenen Dokumenten (z.B. Datenflußdiagramm und Datenlexikon) oder auf verschiedenen Abstraktionsebenen (wenn etwa in der Verfeinerung Datenflüsse nicht wieder erscheinen).

Alle diese Fehler könnten grundsätzlich auch ohne Hilfe von Werkzeugen erkannt werden – vorausgesetzt, jemand mit Geduld und Überblick nähme sich die Zeit, diese Prüfungen konsequent und exakt durchzuführen. Die Maschine ist für diese eintönige Arbeit weit besser geeignet.

CASE-Werkzeuge können also die Software-Prüfung durch Reviews nicht ersetzen, sondern wirksam ergänzen, und zwar zu einem Zeitpunkt, da der Test noch lange nicht zum Zuge kommt. Sie müssen dazu allerdings systematisch eingesetzt und in die Prüfplanung einbezogen sein. Die bloße Anwesenheit des Werkzeugs verbessert die Software-Qualität nicht.

Hieraus folgen Regeln für die Auswahl und Einführung der Werkzeuge:

- Das Qualitätswesen muß von Beginn an beteiligt sein. Die angebotenen Werkzeuge müssen darauf untersucht werden, welche Transformationen und Prüfungen sie unterstützen und ob diese den eigenen Anforderungen entsprechen.

- Für den Einsatz der Prüfmittel müssen Konventionen geschaffen werden, z.B. in dem Sinne, daß vor einem bestimmten Meilenstein routinemäßig gewisse Prüfungen anzuwenden sind.

- Das Werkzeug muß Versionskontrolle ermöglichen, damit der Prüfling identifizierbar und wiederherstellbar ist, ohne die gesamte Datenbank sichern zu müssen.

- Der Werkzeugeinsatz muß, wenigstens soweit er der Prüfung dient, wie jede andere Prüfung dokumentiert werden.

4.3.3 Prüfungen mit einfachen, selbst implementierten Prüfwerkzeugen

CASE-Werkzeuge sind außerordentlich komplex, so daß nicht genug davor gewarnt werden kann, eigene Versuche zur Implementierung solcher Werkzeuge zu unternehmen; alle vermeintlichen Prinzen werden in der Dornenhecke der praktischen und theoretischen Probleme dieser Aufgabe hängenbleiben – in der guten Gesellschaft ihrer zahlreichen Vorgänger.

Einzelne Prüf- oder Zählwerkzeuge zu implementieren, wenn der Anspruch nicht allzu hoch ist und keine Perfektion angestrebt wird, ist dagegen fast trivial. Beispiele solcher Werkzeuge sind einfache Such- und

Zählprogramme, die in Dokumenten und Programmen das Einhalten gewisser formaler Regeln feststellen können.

Beispiele solcher Regeln sind:

- Längenbegrenzungen von Modulen

- Einhalten von Regeln für die Wahl der Bezeichner

- Verbot von Literalen in ausführbaren Anweisungen

- Begrenzung der Verschachtelungstiefe von Entscheidungen und Schleifen

- Begrenzung der Anzahl Terme in Bedingungen

- Vorhandensein bestimmter Code-Komponenten, z.B. Kommentare

Programme für solche und ähnliche Zwecke (z.B. Kennzahlen ermitteln) können von jedem Programmierer realisiert werden. Im Buch von Conte, Dunsmore, Shen (1986) sind Beispiele für solche Werkzeuge enthalten. UNIX-Programmierer können sich durch Verwendung von LEX und YACC die Arbeit erleichtern; ein eigentlicher Parser ist aber nur für relativ anspruchsvolle Aufgaben nötig, in der Regel genügt die Erkennung gewisser Zeichenreihen.

4.3.4 Testwerkzeuge

Bis heute gibt es keine Werkzeuge, die die Testfall-Auswahl, den intellektu-ellen Kern der Testarbeit, wirkungsvoll unterstützen; hier sind die Tester weiterhin auf ihre Kreativität und ihren Spürsinn angewiesen. Die Routine-Arbeiten dagegen können durch Werkzeuge erheblich erleichtert werden, und zum Teil sind sie ohne Werkzeuge praktisch nicht möglich.

Sommerville (1992) zählt im Kapitel 23 eine Reihe von Werkzeugen auf, die den Test unterstützen. Myers (1979) nennt in seinem Kapitel 8 eine Reihe weiterer Werkzeuge, die jedoch allem Anschein nach ganz überwiegend nur von akademischem Interesse sind. Praktisch bleiben nur einige wenige übrig. Solche Werkzeuge sind:

- Testtreiber

- Testinstrumentierer und Überdeckungsmonitor

- Dateivergleicher

- Testdatengeneratoren

Daneben spielen offensichtlich viele Werkzeuge eine Rolle, die nicht direkt dem Test dienen, aber wichtige Voraussetzungen schaffen, also Übersetzer, Binder, Werkzeuge für die Konfigurationsverwaltung und andere. Gerade die Unterstützung der Versions- und Konfigurationskontrolle darf in ihrer Bedeutung für eine systematische Software-Prüfung nicht unterschätzt werden, zumal auch die Testdaten und -resultate der Konfigurationsverwaltung unterworfen sein müssen.

Testtreiber

Ein Testtreiber hat die Aufgabe, die zu testenden Module einzubetten, mit den Testdaten zu versorgen und die Ergebnisse auf Übereinstimmung mit den Soll-Resultaten zu prüfen. Im günstigsten Falle erlaubt ein solcher Testtreiber den Test auf Knopfdruck: Das Modul wird automatisch geholt, übersetzt und eingebunden, der Test wird ausgeführt, und der Bediener sieht nur eine Meldung, die ihm das summarische Resultat mitteilt.

Die im praktischen Einsatz stehenden Testtreiber eignen sich ausgezeichnet für Programme, die nicht interaktiv sind. Die Testdaten werden manuell erzeugt und können immer wieder verwendet werden. Die Soll-Resultate werden entweder ebenfalls manuell erstellt (bei kleinerem Umfang), oder man erhält sie durch "Zurechtbiegen" der Resultate des ersten Testlaufs. Der erste Test ist genauso aufwendig wie ohne das Werkzeug; die Wiederholung der Tests ist aber vollautomatisch durchführbar.

Neuere Testtreiber ermöglichen die Aufzeichnung der interaktiven Ein- und Ausgaben. Auf diese Weise werden beim ersten Testlauf die Testdaten erstellt und bei einer späteren Testwiederholung automatisch "abgespielt". Die Testresultate eignen sich nur dann als Meßlatte, wenn sie den spezifizierten entsprechen. Sie müssen also bei jedem Testlauf aufgezeichnet werden, bis das Programm fehlerfrei ist. Sie leisten dann außerdem in der Wartung wertvolle Dienste.

Die Bezeichnung *Testtreiber* haben wir bereits beim Einzeltest verwendet. Die hier behandelten Werkzeuge kann man als Verallgemeinerung der beim Einzeltest auf das Testen einzelner Programmeinheiten zugeschnittenen Hilfsmittel ansehen.

Testinstrumentierer und Überdeckungsmonitore

Der Testinstrumentierer ergänzt den Quellcode des Prüflings durch Anweisungen, die eine Zählung der Durchläufe bewirken. Auf diese Weise wird beim folgenden Test genau registriert, wie oft jede (ursprünglich vorhandene) Anweisung oder jeder Zweig des Programms ausgeführt wurde; dies ist die Aufgabe des Überdeckungsmonitors.

Eine solche Zählung muß akkumulierend angelegt sein, d.h. die Resultate müssen dauerhaft gespeichert werden, damit sie im nächsten Test weitergeführt werden können (was natürlich wieder voraussetzt, daß der Prüfling nicht verändert wurde). Am Schluß werden die Zählerstände analysiert und in die betreffende Überdeckung umgerechnet. Der Benutzer kann sich die nicht getesteten Anweisungen oder Zweige melden lassen, um weitere Testfälle zu entwerfen.

Der Testinstrumentierer verändert den Prüfling; getestet wird nicht das für die weitere Verwendung bestimmte Programm. Die Instrumentierung darf deshalb nur zur Prüfung der Güte der ausgewählten Testfälle verwendet werden. Erreichen die Testfälle den geforderten Überdeckungsgrad, dann ist mit diesen das nicht instrumentierte Programm zu testen.

Dateivergleicher

Für die Unterstützung durch Werkzeuge eignen sich repetitive Aufgaben des Testens besonders gut. Der Dateivergleicher ist für den *Regressionstest* unentbehrlich. Denn in vielen Fällen lassen sich die Soll-Resultate nur für sehr kleine Beispiele vorgeben (vgl. Anhang A). Muß das Werkzeug aber sehr umfangreiche Eingabedaten verarbeiten, so ist ein Test mit kleinen Beispielen wenig aussagekräftig; man denke beispielsweise an ein Textverarbeitungssystem, bei dem viele Probleme durch das Zusammenwirken der zahlreichen Möglichkeiten entstehen, die das Paket bietet, oder an eine Programmentwicklungsumgebung. In solchen Fällen kann man durch den Vergleich alter und neuer Testresultate wenigstens erreichen, daß Fehler, die durch Änderungen entstanden sind, mit einiger Wahrscheinlichkeit auffallen. Auf diese Weise konvergiert die Software gegen einen leidlich stabilen, fehlerarmen Zustand.

Das praktische Vorgehen sieht so aus, daß eine wohldokumentierte Eingabe der neuen Software-Version gefüttert wird und die Resultate mit dem Dateivergleicher auf Abweichungen geprüft werden. Die Meldungen müssen von Hand untersucht werden; die Abweichungen können ja entweder gerade der Intention der Änderungen entsprechen oder eine unbeabsichtigte Veränderung der Funktion anzeigen.

Dateivergleicher sind häufig das einzige verfügbare Testwerkzeug. In manchen Entwicklungsumgebungen ist auch dieses einfachste aller Testwerkzeuge noch ein Traum oder wird von traumlosen Entwicklern nicht verwendet.

Testdatengeneratoren

Wenn es auch keine Werkzeugunterstützung für die Auswahl der Testfälle gibt, so sind einige wenige für die Generierung von Testdaten verfügbar. Testdatengeneratoren analysieren den Programmtext oder die Definition von Datenstrukturen und erzeugen Testdaten. Je nach Werkzeug gibt es folgende Möglichkeiten:

- Die Testdaten werden so erzeugt, daß sie den angegebenen Überdeckungsgrad für den Glass-Box-Test (schwieriges Unterfangen) erfüllen.

- Ausgehend von der Definition der Datenstruktur wird ein Satz von Daten generiert. Der Umfang und die Selektion (z.B. Zufall, Grenzwerte) kann gesteuert werden.

- Die Definition des Unterprogrammaufrufs dient als Basis für die Generierung der Testfälle.

Testdatengeneratoren, wären sie nur mehr verbreitet, sind eine ideale Ergänzung zum Testtreiber. Während der letztere die Ausführung von Tests unterstützt, sind die Testdatengeneratoren bei der Vorbereitung der Tests hilfreich.

Kapitel 5

Management und Prüfung

Management und Prüfungen sind durch zwei Aspekte miteinander verknüpft, zum einen durch das Management der Prüftätigkeiten, zum anderen durch den Beitrag von Prüfresultaten zur Projektführung.

Der erste Punkt behandelt die Planung von Prüfungen, die Überwachung der Durchführung und die Bereitstellung der notwendigen Hilfsmittel und Kapazitäten. Der zweite Aspekt handelt von der Motivation, Prüfungen in einem Projekt durchzuführen, d.h. vom Bestimmen des Umfangs von Prüfungen und dem Verwenden der Prüfresultate. Obwohl dieser Punkt eher ein Thema für Projektmanagement ist, soll hier auf einige Einzelheiten eingegangen werden. Was ist das Ziel einer Prüfung und wie gut wurde dieses Ziel in einem Projekt erreicht? – Diese Frage ist die Grundlage für das Management von Prüfungen. Andere Fragen nach dem Umfang, der geeigneten Methode usw. lassen sich daraus ableiten.

5.1 Planung von Prüfungen

Die schwierigste Aufgabe des Managements ist es festzulegen, wieviel Prüfungen einzuplanen (und auch durchzuführen!) sind. Prüfungen sind aufwendig und tragen vordergründig nicht zum Fortschritt bei, wenn man Fortschritt an realisierter Funktionalität mißt. Folgende Kriterien können bei dieser Aufgabe helfen:

1. Welche Fehlerarten haben den größten Anteil an den Fehlerkosten?

2. Mit welchen Prüfverfahren kann man welche Fehlerarten am wirtschaftlichsten entdecken?

3. Wie kann man die Anzahl verbliebener Fehler abschätzen?

4. Wo ist die Grenze, ab der es unwirtschaftlich wird, das Produkt weiter zu prüfen?

Allen diesen Fragen ist eine unangenehme Eigenschaft gemeinsam: es gibt auf sie keine generell gültige Antworten. Man kann die Fragen nur für ein konkretes Projekt beantworten, und auch das nur, wenn man Erfahrungswerte hat. Deshalb ermitteln Unternehmen, die ihren Software-Entwicklungsprozeß stetig verbessern wollen, Kennzahlen der Fehler und der Fehlerbehebung. Die *Fehlerdichte* , die Anzahl Fehler pro Tausend Zeilen Code, ist z.B. eine solche häufig verwendete Kennzahl; der prozentuale Anteil der Fehler, die vor Beginn des Testens (also in Reviews) gefunden werden, eine andere. Während die erste etwas über die Qualität des Software-Produkts aussagt, liefert die zweite einen Hinweis über die Beherrschung des Entwicklungsprozesses.

Damit solche Kennzahlen vom Management interpretiert werden können, müssen sie mit Kosten in Beziehung gesetzt werden. Wie in (Frühauf, Ludewig, Sandmayr 1991) ausgeführt, müssen die Prüftätigkeiten wie andere Tätigkeiten in der Entwicklung nicht nur terminlich, sondern auch kostenmäßig geplant und kontrolliert werden. Ohne Kenntnis der Kosten von Reviews, Tests sowie der Behebung der gefundenen Fehler kann man die obigen Fragen nur mit einem Blick in die Glaskugel oder in den Kaffeesatz beantworten. Diese Hellseherei ist aber nicht zu verwechseln mit "das Projekt hell sehen und führen".

5.1.1 Fehlerarten

Fehler können in der Entwicklung und im Resultat der Entwicklung, dem Produkt, vorkommen. Im folgenden konzentrieren wir uns auf das Produkt, d.h. wir gehen von folgender Definition aus:

> *Ein Fehler liegt dann vor, wenn die spezifizierten Anforderungen nicht erfüllt sind.*

Hier denkt man sofort an Fehler im Programm. Aber das Produkt besteht (hoffentlich) in den seltensten Fällen nur aus dem Programm, es gehören vielmehr auch Dokumente wie Entwurf, Benutzerunterlagen, Beschreibung der Testfälle u.ä. dazu. Jedes dieser Dokumente hat einen bestimmten Zweck und muß vorgegebenen Anforderungen genügen. Wir können und müssen daher bei jedem Resultat der verschiedenen Entwicklungstätigkeiten von Fehlern reden und entscheiden, wie wir mit diesen umgehen wollen.

Fehler können nur dann eindeutig festgestellt werden, wenn die Anforderungen an ein Entwicklungsresultat bekannt sind. Diese Anforderungen können inhaltlicher und formaler Art sein. Die inhaltlichen ergeben sich aus vorherigen Entwicklungsresultaten, z.B. Anforderungen an den Entwurf aus den Anforderungen an die Software oder das Gerät. Die formalen Anforderungen legen z.B. die Präsentation, den Umfang, den Detaillierungsgrad fest. Sie sind üblicherweise in Richtlinien festgelegt.

Da Fehler als Abweichungen von den Anforderungen definiert sind, können wir bei den Anforderungen an das Produkt selbst nur dann von inhaltlichen Fehlern reden, wenn Anforderungen einander widersprechen. Aber natürlich können die Anforderungen auch von den Intentionen des Kunden abweichen oder diese nur teilweise wiedergeben, also unzutreffend oder unvollständig sein. Wir sprechen dann von Anforderungsfehlern.

Anforderungsfehler

Anforderungsfehler können nur vom Kunden entdeckt werden; die Entwickler können bestenfalls dafür sorgen, daß die Spezifikation dem Kunden in einer Form präsentiert wird, die ihm bei der Erkennung von Anforderungsfehlern hilft (z.B. durch einen Prototyp).

Die Besonderheiten der Anforderungsfehler sind:

- Der Auftraggeber ist für sie verantwortlich, nicht der Entwickler. Die Konsequenzen gehen daher zu Lasten des Auftraggebers.

- Ist ein Anforderungsfehler festgestellt, so sind neben der Korrektur in der Spezifikation auch mehr oder minder aufwendige Änderungen in den darauf basierenden Dokumenten (Entwurf, Code, Testdaten, Benutzerhandbuch) notwendig; die Termin- und Kostenziele müssen diesem Mehraufwand angepaßt werden.

Spiegelbildlich gilt für die Fehler in Resultaten der Entwicklung, daß der Lieferant für sie verantwortlich ist und er für die Kosten ihrer Behebung aufkommen muß (Fehlerbehebungskosten).

Für alle Arten von Fehlern gilt:

- Die Fehler sollten möglichst früh erkannt und behoben werden, damit die Auswirkungen so gering wie möglich bleiben.

- Das Erkennen und Beheben von Fehlern ist eine Störung des idealen Entwicklungsablaufs, mit der aber gerechnet werden sollte.

Die folgenden Betrachtungen beschränken sich auf die Fehler, für die die Entwickler verantwortlich zeichnen. Vereinfacht setzen wir voraus, daß ein korrektes Anforderungsdokument vorliegt. Dies ist eine zulässige Vereinfachung, weil zu jedem Zeitpunkt eine freigegebene Basis für die Entwicklung vorhanden ist. Gegen die Anforderungen kann also jederzeit geprüft werden.

Fehler in der Entwicklung führen zu mangelhaften Dokumenten oder Programmen. *Mängel*, die nicht vor der Auslieferung behoben worden sind, manifestieren sich dem Benutzer als Fehler oder dem Lieferanten durch höheren Aufwand bei der Weiterentwicklung des Produkts. Je nach der Tätigkeit, die den Mangel bewirkt hat, unterscheiden wir zwischen Entwurfsmängeln, Codemängeln und Dokumentmängeln.

Entwurfsmängel

Mit dem vorliegenden Entwurf (inkl. dem der Testfälle) kann man die spezifizierten Anforderungen nicht erfüllen, denn

a) benötigte Daten wurden nicht oder falsch berücksichtigt,

b) geforderte Daten werden nicht oder falsch erzeugt,

c) für geforderte Funktionen ist keine oder eine falsche Verarbeitung vorgesehen,

d) nicht geforderte Funktionen und Daten werden verarbeitet,

e) Schnittstellen sind unvollständig oder falsch angelegt,

f) die geforderten Merkmalswerte (Leistung, Mengen, Benutzerfreundlichkeit, Wartbarkeit, etc.) können mit der vorgesehenen Lösung nicht erreicht werden,

g) mit den festgelegten Testfällen wird der gewünschte Überdeckungsgrad nicht erreicht.

Codemängel

Der vorliegende Programmcode erfüllt die spezifizierten Anforderungen nicht, denn

a) es fehlt ein Verarbeitungszweig,
d.h. für eine gewisse Kombination zulässiger Daten ist kein Verarbeitungszweig und damit auch keine Berechnung implementiert,

b) es werden falsche Verarbeitungszweige ausgeführt,
z.B. steuert ein falscher Operator in der Bedingung oder die falsche Berechnung eines Wertes den Ablauf in die falsche Richtung,

c) in einer Berechnung werden falsche Operanden oder Operatoren verwendet,
z.B. wurde $a := b + c$ statt $a := b - c$ codiert,

d) die Berechnung in einem Verarbeitungszweig ist unvollständig,
d.h. der Verarbeitungszweig ist vorgesehen, aber die erforderliche Berechnung ist unvollständig oder gar nicht codiert,

e) die Schnittstellen wurden unvollständig oder falsch implementiert,
   z.B. werden falsche Parameter an ein Unterprogramm übergeben,

f) mit der gewählten Datenstruktur oder dem implementierten Algorithmus werden die geforderten Merkmalswerte (Leistung, Mengen) nicht
   erreicht,
   z.B. Array statt Datei-Struktur oder Bubble Sort statt Quicksort,

g) die Beschaffenheit des Programmcodes erreicht die geforderten Merkmalswerte (Wartbarkeit) nicht,
   z.B. ist die Kommentierung ungenügend oder die gewählten Bezeichner sind nichtssagend.

Dokumentmängel

Diese Fehler betreffen die Dokumente (einschließlich Programmtext) selbst:

a) Ein Dokument macht andere Aussagen als das übergeordnete
   Dokument, z.B.

   ◦ das Programm entspricht nicht dem Benutzerhandbuch,
   ◦ die Testfälle in der Abnahmetestvorschrift entsprechen nicht den
     spezifizierten Anforderungen,
   ◦ der Detailentwurf beschreibt eine andere Lösung als der Grob-
     entwurf,
   ◦ das Programm realisiert nicht den dokumentierten Entwurf.

b) Ein Dokument ist für die ihm zugedachte Aufgabe ungeeignet, weil es

   ◦ unvollständig,
   ◦ widersprüchlich,
   ◦ für den Leserkreis unverständlich ist.

c) Ein Dokument verstößt gegen Richtlinien für die betreffende
   Dokumentart.

5.1.2 Treffsicherheit der Prüfverfahren

Dokumentmängel kann man nur in Reviews finden. Ein Abwägen zwischen
Review und Test ist daher nur für Programme nötig, die sowohl Entwurfs-
wie Codemängel enthalten können.

Mängel des Programms spiegeln entweder Mängel des Entwurfs wider
oder Fehler, die beim Umsetzen des Entwurfs in Code gemacht wurden. Die
Mängel des Entwurfs haben wir im Review übersehen; sie bleiben uns
höchstwahrscheinlich bis zum Integrationstest (oder länger) erhalten (vgl.
Abbildung 1.4). Bei den Umsetzungsfehlern haben wir eine gute Chance, sie

im Code-Review zu entdecken. Dies ist zudem die einzige Möglichkeit, Fehler in einem *nicht dokumentierten* Entwurf zu entdecken. Das Fehlen der Entwurfsdokumente kann man bei kleineren Programmen nachsehen, bei größeren hat man das Nachsehen. Dies führt zu der Faustregel:

> *Je weniger Dokumente in einem Projekt erstellt werden, desto mehr Code-Reviews sind vonnöten.*

In der Abbildung 5.1 sind die im Kapitel 5.1.1 genannten Arten von Code-mängeln tabellarisch aufgelistet. Für jede Art ist angegeben, mit welcher Wahrscheinlichkeit man sie im Code-Review, im Black-Box- oder im Glass-Box-Test entdecken kann.

Arten von Codemängeln	Black Box	Glass Box	Code-Review
fehlender Verarbeitungszweig	+	-	o
falsche Wahl des Verarbeitungszweigs	o	+	o
falsche Berechnung	o	o	+
unvollständige/fehlende Berechnung	o	-	+
falsche Schnittstellen	o	-	+
mangelhafte Leistung	+	-	-
mangelhafte Wartbarkeit	-	-	+

Legende: Entdeckung der Fehlerart   + wahrscheinlich
                                                o möglich
                                                - unwahrscheinlich

Abb. 5.1: Eignung der Prüfverfahren für Arten von Codemängeln

Generell gilt: Falls genaue Vorgaben als Resultat des Entwurfs vorliegen, dann sind im Code-Review alle oben aufgeführten Mängel leicht zu finden. Zudem sei daran erinnert, daß beim Review der Mangel entdeckt wird, beim Testen nur das Symptom.

Aus der Aufstellung in der Abbildung 5.1 ergibt sich:

1. *Code-Review* ist der effizienteste Weg, um Mängel im Code zu finden.
2. *Black-Box-Test* ist unabdingbar, um alle Arten von Mängeln mit etwa gleicher Wahrscheinlichkeit zu entdecken (Code-Review voraus-gesetzt).
3. *Glass-Box-Test* eignet sich als Gegenprüfung, um so mehr, weil hier am ehesten Hilfsmittel in Form von Werkzeugen zur Verfügung stehen.

Es geht aber hier nicht so sehr um die Alternative, sondern um die Auswahl der geeigneten Methode für eine bestimmte Art von Fehlern und damit um die Festlegung der einzelnen Prüfschritte.

Eigenschaften von Programmen wie Wartbarkeit, Portabilität u.ä. kann man *ausschließlich* in Code-Reviews prüfen. Aber Reviews von Code sind auch effektiv und effizient für das Prüfen auf die meisten Arten von Codemängeln. Der Nutzen ist besonders groß bei Programmen, die sehr schwer zu testen sind, da sie sehr viele Zustände haben und zeitabhängig sind, also hardwarenahe Programme, Gerätetreiber und Kommunikationsprogramme.

Glass-Box-Test ist vor allem beim Test von Programmeinheiten angebracht. Auf dieser Stufe ist der Programmtext leicht zugänglich, und die zu prüfenden Funktionen einer Einheit sind im allgemeinen von den Anforderungen nicht direkt ableitbar.

Black-Box-Test ist sicher die Grundlage für einen System- oder Abnahmetest. Auf dieser Stufe wird man in den Programmtext weder einsteigen wollen noch können. Bei einem komplexen Programm ist es im allgemeinen nicht möglich, von den Eingabedaten her alle Pfade des Programms direkt anzusteuern.

5.1.3 Kombination der Prüfverfahren

Das magische Prüfverfahren gibt es nicht. Wichtig ist, daß auf jeder Stufe mit den geeigneten Verfahren geprüft wird. Die angemessene Intensität richtet sich nach der erwarteten Art und Häufigkeit von Fehlern und dem Risiko von Folgeproblemen.

Extensive Code-Reviews können z.B. Einzeltests von Programmeinheiten überflüssig machen, sogar in sicherheitsrelevanten Anwendungen (Matthews, 1988). Bei intensiven Integrationstests kann man unter Umständen auf den Systemtest verzichten und sich mit den für die Abnahme vorgesehenen Testfällen begnügen. Umgekehrt können effektive Reviews des Entwurfs auch dazu führen, daß man den Integrationstest überspringt und sofort zum Systemtest kommt.

Solche Entscheidungen können aber nur dann verantwortungsvoll getroffen werden, wenn die im Kapitel 5.1 aufgeführten Kriterien als Entscheidungshilfe herangezogen werden. Wie für jegliches Management im Software-Bereich braucht es auch hier eine sinnvolle Datenerfassung und Kennzahlen, die man interpretieren kann.

Fehlerverstärkungsmodell

Mit dem Modell der Fehlerverstärkung (Pressman 1987, Seite 440 ff) kann man den Prozeß der Fehlerentstehung und -entdeckung simulieren. Ein Entwicklungsschritt wird dazu gemäß Abbildung 5.2 modelliert.

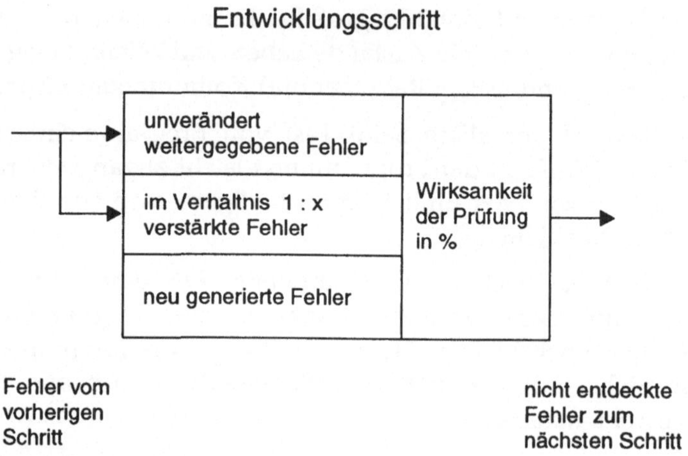

Entwicklungsschritt

Abb. 5.2: Modell der Fehlerverstärkung nach (Pressman, 1987)

In diesem Modell sind vier Größen zu schätzen oder aus ermittelten Daten einzubringen:

1. die Aufteilung der Fehler aus dem vorangehenden Schritt in solche, die in dem betrachteten Entwicklungsschritt unverändert weitergegeben werden und solche, die in diesem Schritt verstärkt werden, d.h. mehrere Folgefehler verursachen;
2. das Maß der Verstärkung der übernommenen Fehler;
3. die im Entwicklungsschritt neu generierten Fehler;
4. die Wirksamkeit der am Schluß des Entwicklungsschritts durchgeführten Prüfungen.

Abbildung 5.3 zeigt ein Beispiel, bei dem für Reviews eine Wirksamkeit von 60 %, für Tests eine Wirksamkeit von 50 % angenommen wird. Das Beispiel beruht auf der idealistischen Erwartung, daß die Fehlerbehebung nach den Tests perfekt ist, d.h. alle im jeweiligen Test gefundenen Fehler behoben und hierbei keine neuen eingeschleppt werden; aus diesem Grunde sind im Beispiel in den Testschritten jeweils keine neu generierten Fehler und keine Fehlerverstärkung eingesetzt.

Wie bei allen Modellen, die auf Schätzung beruhen, ist es auch hier unerläßlich, die tatsächlich erzielten Werte aufzuzeichnen. Basierend auf den Erkenntnissen aus dem Vergleich der Ist-Werte mit den geschätzten wird die Schätzung nach jedem Entwicklungsschritt revidiert. Somit erhält das Management mit dem Fortschreiten des Projekts immer genauere Prognosen. Der Besitz von erfaßten Werten aus mehreren Projekten gibt uns dann die Möglichkeit, bereits mit der Erstschätzung in der Nähe der Wahrheit zu landen.

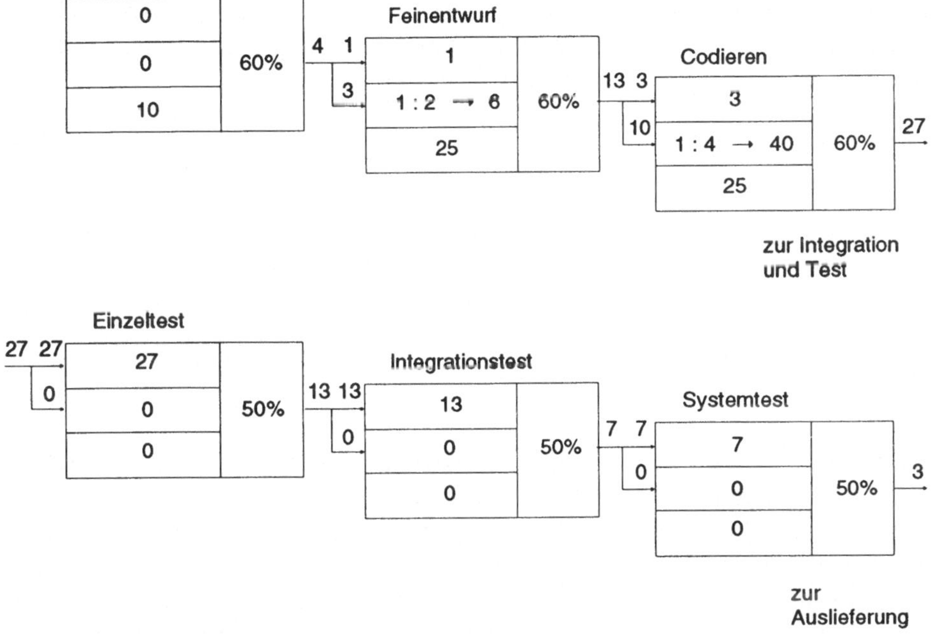

Abb. 5.3: Fehlerverstärkungsmodell, Beispiel

5.2 Management von Prüftätigkeiten

5.2.1 Management von Reviews

Das Potential der Reviews zur Senkung der Fehlerkosten ist gebührend gewürdigt worden. Damit es auch ausgeschöpft werden kann, muß das Management einige wichtige Punkte beachten.

Planung

Eine wesentliche Voraussetzung für effiziente und wirksame Reviews ist die gründliche Vorbereitung der Gutachter. Jeder einzelne benötigt dafür zwischen vier und zwölf Stunden. Diese Zeit kann nicht gestohlen werden, sie muß eingeplant sein. Die Reviews müssen jeweils auch rechtzeitig angekündigt werden, damit die Vorbereitung noch in den Arbeitsplan paßt.

Bei der Aufwands- und Terminplanung für ein Review genügt es nicht, daß das Management die Vorbereitung und Durchführung der Sitzung illusionslos berücksichtigt; auch die Nacharbeiten (Fehlerbehebung) müssen vorgesehen werden. Denn die Software enthält, wie wir alle wissen, Fehler, und gewiß werden uns einige beim Review ins Netz gehen. Darum darf die Freigabe nicht für den Tag der Review-Sitzung eingeplant sein!

Vorbereitung

Während der Vorbereitungszeit für ein Review sollten die Gutachter nicht laufend mit anderen "wichtigeren" Arbeiten beschäftigt werden. In der Priorität, die das Management der Review-Vorbereitung einräumt, wird für die Entwickler der Stellenwert, den die Reviews in ihrer Umgebung haben, schnell sichtbar.

Durchhalten

Nach Anfangserfolgen mit Reviews besteht bald die Gefahr, daß unter dem üblichen Zeitdruck in Projekten nach Möglichkeiten der Zeitersparnis gesucht wird. Ein offensichtlicher Kandidat sind dann Reviews, die nicht mehr so nützlich sind, "da in letzter Zeit die Dokumente ja wesentlich besser geworden sind". Wenn dieses Argument einmal zugelassen ist, wird die Review-Praxis bald gestorben sein. Man braucht ja immer mehr Zeit für die Integration und den Systemtest!

Hier ist das Management gefordert, auch nach Anfangserfolgen den Druck der Reviews aufrechtzuhalten. Durch diesen Druck wird ja dafür gesorgt, daß die Arbeitsergebnisse vor dem eigentlichen Review unter Kollegen besprochen und verbessert werden. Dies macht die Reviews selbst weniger "nützlich", aber die Projekte wesentlich effizienter. Ohne den Druck der Reviews erlahmen auch die informellen Gespräche, der Rückfall in den fehlerreichen Zustand ist die Folge.

5.2.2 Management von Tests

Auch beim Testen gibt es einige Punkte, die aus der Sicht des Managements zu beachten sind, damit der Testaufwand auch einen entsprechenden Nutzen erbringt.

Planung

Wie beim Review ist auch beim Testen die Planung und Vorbereitung von Tests wesentlich für die effiziente und wirksame Testdurchführung. Bei der systematischen Vorbereitung werden, vor allem beim Glass-Box-Test, oft die meisten Fehler bereits beim Erstellen der Testfälle entdeckt (ist auch eine Art von Review!).

Zur realistischen Planung gehört auch, daß für die einzelnen Tests das Kriterium für das Beenden des Tests festgelegt wird.

Bei der Planung darf nicht vergessen werden, daß die Bereitstellung des Testgeschirrs mit erheblichem Aufwand verbunden sein kann. Die hierfür benötigte Zeit ist im Plan zu berücksichtigen und die entsprechenden Tätigkeiten sind rechtzeitig (und nicht erst in der Testphase) vorzusehen. Die Vorbereitung der Tests parallel zu der Entwicklung würde in vielen Firmen die Durchlaufzeit der Projekte in ungeahntem Maße verkürzen.

Test und Fehlerbehebung

Der Test liefert nicht nur Hinweise auf einzelne Fehler, sondern auch eine Bewertung. Erfahrungsgemäß gibt es dabei große Schwankungen; Fehler verteilen sich nicht gleichmäßig wie Wasser in kommunizierenden Röhren, sondern eher wie Ameisen in den verschiedenen Fächern und Schubladen des Küchenschranks.

Es wäre also fatal, den Test einer Einheit zu beenden, weil das "Soll" an gefundenen Fehlern erfüllt ist; vielmehr müssen gerade Einheiten, in denen sich schnell Fehler gezeigt haben, besonders intensiv weitergeprüft werden.

Die zeitliche Trennung von Test und Korrektur gibt dem Management die Chance, offensichtlich schwache Teile zu erkennen und ganz zu ersetzen, statt Fehlerbehebungskosten in ein Faß ohne Boden fließen zu lassen. Ein vielfach geflicktes Programm erhöht die Risiken durch Wartungsfehler und bleibt nach aller Erfahrung eine Quelle für Ärger und Probleme.

5.2.3 Wann ist genug geprüft?

Hört endlich auf mit Testen,
Ihr findet ja nur noch mehr Fehler!

Da man bei der Planung nicht weiß, wieviele Fehler sich während der Entwicklung einschleichen werden, ist es schwierig, den "richtigen" Prüfumfang festzulegen, also Fragen zu beantworten wie:

- Wieviele Reviews sind notwendig?
- Welcher Testaufwand ist vorzusehen?

oder stattdessen auch

- Wann kann der Test beendet werden?

Reviews, für die diese Frage schon im Kapitel 3.4 behandelt wurde, bereiten hier weniger Schwierigkeiten; sie sind über das ganze Projekt verteilt und können – mit einiger Erfahrung – recht präzise eingeplant werden.

Die Phase mit Tests und Fehlerbehebung ist dagegen schlechter planbar. Der Test selbst verursacht bei der Planung kaum Probleme. Wesentlich mehr Kopfzerbrechen bereitet das Abschätzen des Aufwands für die Fehlerbehebung (was, zum Glück, nicht Gegenstand unserer Betrachtung ist) und das Abschätzen der notwendigen Anzahl Wiederholungen von Tests.

Die Testphase kommt unvermeidbar zuletzt, nach der Codierung, und wird daher oft zugunsten des Auslieferungstermins gekürzt. In diesem Fall ist die dritte Frage falsch gestellt: Der Test *kann* zwar noch nicht beendet werden, aber er *wird* beendet. Jeder Leser möge für sich prüfen, welche Kriterien für das Beenden des Tests er *bislang* angewendet hat; wir möchten nachfolgend einige rationale Kriterien angeben. Dabei ist eine Differenzierung nach der Komplexität des Prüflings zweckmäßig.

Test von Programmeinheiten und von nicht zu komplexen Programmen

Bei nicht zu komplexen Aufgaben kann die Auswahl der Testfälle systematisch erfolgen. Das Kriterium für das Beenden des Tests fällt uns hier geradezu in den Schoß:

> *Wenn der ausgewählte Satz von Testfällen, der dem im voraus festgelegten Überdeckungsgrad genügt, keinen Fehler mehr zum Vorschein bringt, kann man getrost mit dem Testen aufhören.*

Die Schätzung des Aufwands für das Erstellen der Testvorschrift hat man schnell im Griff. (Nebenbei bemerkt: mit wachsender Übung nimmt dieser Aufwand rapide ab). Anhand der Testvorschrift ist der Aufwand für die

Testausführung und -auswertung leicht ermittelt. Schwierig ist nur abzuschätzen, wie oft der jeweilige Test wiederholt werden muß, d.h. in wieviel Durchgängen alle im Test entdeckten Fehler behoben werden.

Integrationstest und Systemtest komplexer Programme und ganzer Programmsysteme

Eine systematische Auswahl von Testfällen scheitert hier an der kombinatorischen Vielfalt, die Zahl der Testfälle wächst ins Astronomische. Man muß sich also auf Tests beschränken, die Fehler im Zusammenwirken der (bereits einzeln getesteten) Komponenten anzeigen (vgl. Kapitel 2.5.4). Als Kriterium für den Testabbruch bieten sich hier die relativen Fehlerkosten an.

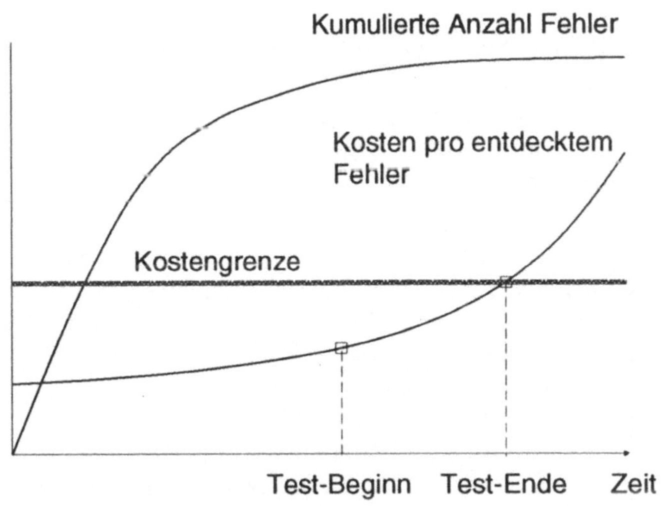

Abb. 5.4: Typischer Verlauf der Prüfkosten

Man erfaßt die Anzahl der gefundenen Fehler und die Prüfkosten.

Wenn die durchschnittlichen Prüfkosten pro entdecktem Fehler eine Grenze X überschreiten, wird der Test beendet (vgl. Abbildung 5.4).

Für den Grenzwert muß man, einmal mehr, eigene Erfahrungszahlen heranziehen. Bei Systemen mit strengen Anforderungen an die Zuverlässigkeit wird man die Kostengrenze höher legen, weil in diesem Fall die Fehlerkosten ein Vielfaches der Prüfkosten ausmachen können.

Bei der Planung muß man hier die Anzahl Fehler schätzen; die Multiplikation mit der Kostengrenze ergibt den Aufwand. Für die Schätzung der

Dauer ist der prognostizierte Verlauf der Fehlerrate nach Abbildung 5.4 heranzuziehen.

Testwirksamkeit

Um abzuschätzen, wieviele Fehler noch im geprüften Programm enthalten sind, verwendet man Modelle der sogenannten Testwirksamkeit. Sie ist definiert durch

$$W = F_g / (F_g + F_v) = F_g / F_u$$

wobei

F_g die Anzahl entdeckter Fehler,
F_v die Anzahl verbliebener Fehler und
F_u die Anzahl ursprünglich vorhandener Fehler ist.

Das Problem ist das Abschätzen der Anzahl der ursprünglich vorhandenen Fehler (man kann sie leider nicht zählen). Helfen kann man sich mit Erfahrungswerten für die Fehlerdichte (Anzahl Fehler pro Tausend Zeilen Quellcode). In (Jones, 1987) wird die in der Abbildung 5.5 gezeigte Klassierung angegeben.

Fehlerdichte	Klassierung der Programme
0 .. 0.5	stabile Programme
0.5 .. 3	reifende Programme
3 .. 6	labile Programme
6 .. 10	fehleranfällige Programme
10 ..	unbrauchbare Programme

Abb. 5.5: Klassierung von Programmen nach Fehlerdichte (Jones, 1987)

Zu Beginn des Integrationstests kann man Programme als labil ansehen, sofern zuvor Code-Reviews und Einzeltests systematisch durchgeführt wurden, d.h. man kann mit drei bis sechs Fehlern pro Tausend Zeilen Quellcode rechnen.

Eine andere Möglichkeit zur Abschätzung der Restfehler bieten analytische Prognoseverfahren. In DGQ-NTG (1986) werden folgende Modelle als praktikabel angegeben:

- Shooman (basiert auf exponentieller Verteilung)
- Jelinski-Moranda (Poisson)

- ◦ Schick-Wolverton (Rayleigh)
- ◦ Littlewood-Verall (Bayes)

Das im Einzelfall gewählte Modell wird mit dem bisherigen Verlauf der Fehlerrate gefüttert. Als Ergebnis erhält man eine Prognose für die Anzahl der verbliebenen sowie die wahrscheinliche Anzahl der ursprünglich vorhandenen Fehler. Das Modell sollte mit dem Fortschreiten des Tests immer genauere Resultate liefern. Noch genauere Prognosen erhält man, wenn bereits die beim Review gefundenen Fehler berücksichtigt werden.

Bei jedem der Modelle müssen vor dem ersten Einsatz die Parameter richtig gesetzt werden. Die richtigen Werte ergeben sich, wenn man mit dem Modell die Daten von abgeschlossenen Projekten nachbilden kann.

Das Kritcrium für das Beenden des Tests lautet bei diesem Vorgehen:

Wenn die Testwirksamkeit von y% erreicht wurde, kann man mit dem Testen aufhören.

Anhand der Tabelle in der Abbildung 5.6 wollen wir die Wirksamkeit von Prüfstrategicn illustrieren. Folgende Prüfungen sollen in einem Projekt durchgeführt werden:

- ◦ Review des Anforderungsdokuments
- ◦ Review des Entwurfsdokuments
- ◦ Review des Codes (50 % der Programmeinheiten)
- ◦ Einzeltest (50 % der Programmeinheiten)
- ◦ Integrationstest
- ◦ Systemtest

Nehmen wir der Einfachheit halber an, daß die Wirksamkeit aller Tests generell bei 50 % liegt und aller Reviews bei 70 %.

Wenn wir im Anforderungsdokument 70 Fehler finden, können wir davon ausgehen, daß ursprünglich 100 Fehler vorhanden (findbar) waren. Die verbliebenen 30 Fehler können wir, nach Abbildung 1.4, frühestens im Systemtest entdecken. Ähnlich werden von den angenommenen 340 Fehlern, die im Entwurf gemacht worden sind, nur 70 % (238) im Review entdeckt. Die verbliebenen 102 können erst im Integrationstest entdeckt werden. Da nur die Hälfte der Programmeinheiten einem Review unterzogen wird, finden wir im Code-Review nur 35 % (196) der 560 Codefehler.

Von den im Code-Review nicht gefundenen 364 Fehlern entdecken wir im Einzeltest nur ein Viertel (91), weil wir nur die Hälfte der Programmeinheiten einem Einzeltest unterziehen. Die verbliebenen 273 Fehler und die 102 Entwurfsfehler können wir im Integrationstest aufspüren. Mit der 50 %-igen Treffsicherheit des Tests kommen wir auf die aufgerundete Zahl von

188 gefundenen Fehlern. Die letzte Chance bietet uns der Systemtest, in dem wir die Hälfte der im Integrationstest unentdeckten und in den Anforderungen verbliebenen 30 Fehlern finden. Mit den insgesamt 892 gefundenen und 108 unentdeckten Fehlern ergibt sich eine Wirksamkeit der gewählten Prüfstrategie von 89,2 %.

	Fehler		
	Findbar	Gefunden	Verblieben
Review des Anforderungsdokuments	100	70	30
Review des Entwurfsdokuments	340	238	102
Code-Review (50 % der Einheiten)	560	196	364
F_u = 1000			
Einzeltest (50 % der Einheiten)	364	91	273
Integrationstest	375	188	187
Systemtest	217	109	108
F_g = 892 F_v = 108			

Wirksamkeit = 89,2 %

Abb. 5.6: Wirksamkeit der Prüfungen; Beispiel

5.3 Beitrag von Prüfresultaten zur Projektführung

Prüfresultate ermöglichen nicht nur Verbesserungen des Produkts, sondern sind auch als Indikatoren für den Stand der Entwicklung wertvoll. Denn es ist zwischen Projektbeginn und Projektende stets schwierig, den tatsächlichen Grad der Fertigstellung abzuschätzen. Zwar ist durch Zeitaufschreibung recht genau bekannt, wieviel Geld ausgegeben wurde, doch weiß man leider nicht, wieviel Wert die Software hat, die man dafür erhalten hat.

Testresultate können wichtig sein für die Entscheidung, ob der Auslieferungstermin eingehalten werden kann oder ob eine Ausweichlösung notwendig wird; für die eigentliche Projektgestaltung kommen sie aber zu spät. Dagegen erlauben Reviews bereits in früheren Planungsschritten zuverlässige Aussagen bezüglich ausstehenden Aufwands und erreichbarer Termine. Mit Reviews wird der Unterschied zwischen wirklichem und festgestelltem Projektfortschritt verkleinert. Bei richtiger Handhabung kann das interessierte Management dann auch die Abweichung zwischen dem *erfaßten* und dem *berichteten* Fortschritt reduzieren!

Der Beitrag, den Reviews zum "Frühwarnsystem" leisten, sollte das Management veranlassen, auch dann noch an dieser Prüftechnik festzuhalten, wenn sich die erste Begeisterung gelegt hat. Erfahrungsgemäß stabilisiert sich die Software-Qualität durch Reviews, die Prüfung wird immer unergiebiger, und der Prüfaufwand scheint vergeudet. Trotzdem wird ein kluges Management nicht zugunsten von vermeintlichen Einsparungen auf Reviews verzichten, denn es verlöre sonst eine wichtige Informationsquelle über den Projektfortschritt.

Die Review-Berichte sind ein wesentliches Element bei der Bewertung des erreichten Stands eines Projekts; sie sind objektiver als die Aussagen des einzelnen Entwicklers über den Stand oder die Brauchbarkeit seines Arbeitsresultats. In der letzten Phase des Projekts übernehmen die Testberichte diese Funktion. Sie ermöglichen das Ermessen dessen, was noch mindestens zu tun ist, damit man den Abnahmebeamten erhobenen Hauptes empfangen kann.

Prüfresultate können auch, wenn sie reflektiert werden, die Prüfungen verbessern. So berichtet Humpfrey (1994) über eine Serie von Studentenprojekten, bei der die Qualität stetig stieg, weil die Studenten Statistiken führen mußten und daraus lernten, daß Code lesen viel wirksamer ist als Code testen.

All das Gesagte kann man wie folgt zusammenfassen.

> *Ich will nicht sagen, es sei unmöglich, der Maschine intuitive*
> *Fähigkeiten zu geben, doch wäre es einfach unwirtschaftlich,*
> *sie auf etwas anzusetzen, was der Mensch viel besser kann.*
> Norbert Wiener

Neben Intuition gelingt dem Menschen auch das analytische Denken besser. Diese Fähigkeit versucht man in den Reviews zu nutzen. Dafür entlasten wir den Menschen von Routine-Arbeiten, die eine Maschine zuverlässiger erledigen kann. Hierzu gehören vor allem Konsistenzprüfungen und Prüfungen gegen Regel.

> *Eine Flugmaschine zu erfinden, bedeutet gar nichts;*
> *sie zu bauen, nicht viel;*
> *sie zu erproben, alles!*
> Otto Lilienthal

Das Erproben des Programms ist sein Test. Ein Programm ohne Test auf die Menschheit loszulassen, auch wenn alles und jedes reviewt wurde, wäre eine kriminelle Tat.

> *Wer etwas will, muß auch die Mittel wollen.*
> Horaz

Weder Reviews noch Tests sind kostenlos zu haben. Wer aber zuverlässige Programme wirtschaftlich herstellen will, der kommt um den richtigen Einsatz der Mittel, seien es technische oder finanzielle, nicht herum.

> *Woran ich glaube? Erlaube!*
> *Natürlich an Fakten.*
> *(Doch nur an die nackten.)*
> Stanislav Jerzy Lec

Und bekanntlich sind die nackten Fakten Zahlen. Kennzahlen von Software-Projekten, systematisch erfasst und (vorsichtig) interpretiert, liefern uns die bitter benötigten Erfahrungswerte. Mit diesen ausgestattet, können wir dem *einzigen unverzeihlichen Fehler* vorbeugen, nämlich dem Fehler, aus den Fehlern der Vergangenheit nichts gelernt zu haben. Der Chancen, neuartige Fehler zu begehen, bleiben noch genug.

Kapitel 6

Literaturhinweise und -verzeichnis

6.1   Literaturhinweise: ein Grundstock

Nicht mehr taufrisch, aber noch immer *das* Einstiegsbuch in die Welt des systematischen Testens ist

> G.J. Myers: *The Art of Software Testing,*

das erstmals 1979 erschienen, inzwischen neu aufgelegt und auch auf Deutsch erhältlich ist. Die Methoden zur Auswahl der Testfälle sind leicht verständlich vorgestellt.

Als Alternative zu Myers kann man auch mit dem Buch

> W. Hetzel: *The Complete Guide to Software Testing*

den Einstieg wagen. In seinem Verständnis umfaßt das *Testen* sowohl die dynamische als auch die statische Prüfung; beide werden auch in gleicher Tiefe behandelt. Das Buch ist weniger detailliert bei der Auswahl der Testfälle, dafür enthält es mehr Anregungen zur Dokumentation der Tests als Myers.

Eine gute Ergänzung, insbesondere bezüglich Behandlung der Schleifen im Test, ist das Buch

> B. Beizer: *Software Testing Techniques.*

Im anderen Klassiker,

> B. Beizer: *Software System Testing and Quality Assurance,*

liegt das Augenmerk auf den organisatorischen Aspekten des Systemtests. Mitgeliefert wird eine gute Abgrenzung der Verantwortlichkeiten des Qualitätswesens in der Software-Entwicklung.

Wer sich mit der Software-Qualitätssicherung beschäftigen will oder muß, kommt an Robert Dunn nicht vorbei. Die im ersten Buch

R. Dunn, R. Ullman: Quality Assurance for Computer Software

gelegten Grundsätze sind weiterentwickelt und für die praktische Anwendung aufbereitet in

R. Dunn: Software Quality - Concepts and Plans.

Der Titel des Buches

R. Dunn: Software Defect Removal

ist ein wenig irreführend. Behandelt werden vor allem die Prüfverfahren im Lebenszyklus von Software, wobei den Reviews gleichviel Aufmerksamkeit geschenkt wird wie dem Testen. Den Titel des Buches rechtfertigen die Ausführungen über die Klassifizierung von Fehlern und vor allem über die Merkmale der wartungsfreundlichen Software. Eine gute Ergänzung zu den bereits genannten Büchern.

Denjenigen, die Interesse an den theoretischen Grundlagen des Testens haben, empfehlen wir das Buch

W.E. Howden: Functional Program Testing & Analysis.

Sehr viele nützliche Hinweise zu verschiedensten Aspekten der Review-Technik enthält das Buch

D.P. Freedman; G.M. Weinberg: Handbook of Walkthroughs, Inspections, and Technical Reviews - Evaluating Programs, Projects, and Products.

Dieses bislang einzige ausschließlich dem Thema Reviews gewidmete Buch ist in Form eines Interviews geschrieben und angenehm zu lesen. Aus der Fülle der Bonmots muß der Leser die Bonbons herauspicken, die es ihm ermöglichen, die Reviews nach dem Geschmack seiner Umgebung zu gestalten.

Die Wege zur stetigen Verbesserung des Entwicklungsprozesses sind am besten beschrieben in

W.S. Humphrey: Managing the Software Process.

6.2   Literaturverzeichnis

ANSI/IEEE Std 610.12-1990
   Glossary of Software Engineering Terminology.
   In Software Engineering Standards (1989).

ANSI/IEEE Std 829-1983
   Standard of Software Test Documentation.
   In Software Engineering Standards (1989).

ANSI/IEEE Std 1008-1987
   Standard for Software Unit Testing.
   In Software Engineering Standards (1989).

ANSI/IEEE Std 1012-1986
   Standard for Software Verification and Validation.
   In Software Engineering Standards (1989).

Beizer (1983)
   Beizer, B.: **Software Testing Techniques**. Van Nostrand Reinhold
   Company, New York, ISBN 0-442-24592-0, 1983.

Beizer (1984)
   Beizer, B.: **Software System Testing and Quality Assurance**.
   Van Nostrand Reinhold Co., New York, ISBN 0-442-21306-9, 1984.

Boehm (1988)
   Boehm, B. W.: **A Spiral Model of Software Development and
   Enhancement**.
   Computer, May 1988, pp. 61-72.

Bush (1990)
   Bush, M.: **Software Quality: The use of formal inspections at the Jet
   Propulsion Laboratory**.
   In Proceedings of the 12th ICSE, IEEE 1990, pp. 196-199.

Conte, Dunsmore, Shen (1986)
   Conte, S.D.; Dunsmore, H.E.; Shen, V.Y.: **Software Engineering
   Metrics and Models**. The Benjamin/Cummings Publishing Company,
   Menlo Park, California.

DIN 66 285
   Anwendungssoftware: Prüfgrundsätze. Deutsches Institut für
   Normung e.V., Berlin, 1985.

DGQ-NTG (1986)
   Software-Qualitätssicherung - Aufgaben, Möglichkeiten, Lösungen.
   DGQ-NTG-Schrift Nr. 12-51, Beuth Verlag /VDE Verlag,
   ISBN 3-410-32798-3/3-8007-14620-0, Berlin, 1986.

Dunn, Ullman (1982)
   Dunn, R.; Ullman, R.: **Software Quality Assurance for Computer
   Software**. McGraw-Hill, New York, ISBN 0-07-018312-0, 1982.

Dunn (1984)
   Dunn, R.: **Software Defect Removal**.
   McGraw-Hill, New York, ISBN 0-07-018313-9, 1984.

Dunn (1990)
   Dunn, R.: **Software Quality - Concepts and Plans**.
   Prentice Hall, Englewood Cliffs, ISBN 0-13-820283-4, 1990.

Fagan (1976)
   Fagan, M. E.: **Design and Code Inspections to Reduce Errors in
   Program Development**.
   IBM System Journal 15, No. 3, pp. 182-211, 1976.

Fagan (1986)
   Fagan, M.E.: **Advances in Software Inspections**.
   IEEE Trans. on Software Engineering, SE-12 (7), pp. 744-751, 1986.

Fenton (1991)
   Fenton, N.E.: **Software Metrics, A Rigorous Approach**.
   Chapman & Hall, ISBN 0-412-40440-0, 1991.

Freedman, Weinberg (1982)
   Freedman, D. P.; Weinberg, G.M.: **Handbook of Walkthroughs,
   Inspections, and Technical Reviews - Evaluating Programs, Projects,
   and Products**. Little, Brown and Company, Boston and Toronto,
   ISBN 0-316-292826, 1982.

Freedman (1990)
   Im persönlichen Gespräch mit D.P. Freedman Oslo, Mai 1990.

Frühauf, Ludewig, Sandmayr (1991)
   Frühauf, K.; Ludewig, J.; Sandmayr, H.:
   Software-Projektmanagement und -Qualitätssicherung.
   vdf, Zürich, und Teubner, Stuttgart, 2. Aufl., 1991.

Grady, Caswell (1987)
> Grady, R.B.; Caswell, D.L.: **Software Metrics: Establishing a Company-Wide Program**. Prentice Hall, Englewood Cliffs, ISBN 0-13-821844-7, 1987.

Grams (1990)
> Grams, T. (1990): **Denkfallen und Programmierfehler**. Springer-Verlag, Berlin, 1990.

Hetzel (1984)
> Hetzel, W.: **The Complete Guide to Software Testing**. QED Infomation Sciences, Inc., Wellesley, Ma., ISBN 0-89435-110-9, 1984.

Howden (1976)
> Howden, W. E.: **Reliability of the Path Analysis Testing Strategy**. IEEE Trans. on Software Engineering, SE-2 (3), pp. 208-215, 1976.

Howden (1987)
> Howden, W. E.: **Functional Program Testing and Analysis**. McGraw-Hill, New York, ISBN 0-07-100475-0, 1987.

Humphrey (1987)
> Humphrey, W.S.: **Managing the Software Process**. Addison Wesley, Reading, Mass., ISBN 0-201-18095-2, 1989.

Humphrey (1994)
> Humphrey, W.S.: **A Personal Commitment to Software Quality**. In American Programmer, December 1994, pp. 3-11.

IEEE Std. 1028-1988
> **Standard for Software Reviews and Audits**. In Software Engineering Standards (1989).

Jones (1987)
> Jones, C.: **Programming Productivity**. McGraw-Hill, New York, ISBN 0-07-032811-0, 1986.

Matthews (1988)
> Matthews, P.J.: **Formal Review Techniques / Advantages and Pitfalls**. pp. 306-313 in Proceedings of the EOQC First European Seminar on Software Quality, Brussels, 25-27. April 1988.

Myers (1979)

Myers, G. J.: **The Art of Software Testing**.
John Wiley & Sons, New York ISBN 0-471-04328-1, 1979.
(auf Deutsch im Oldenbourg-Verlag erschienen)

Pressman (1987)

Pressmann R.S.: **Software Engineering**.
McGraw-Hill, New York, ISBN 0-07-100232-4, 1987.

Royce (1970)

Royce, W.W.: **Managing the Development of Large Software
Systems: Concepts and Techniques**. In Proceedings of IEEE
WESCON, pp. 1-9, August 1970.

Sandmayr (1991)

Sandmayr, H.: **Konstruktive Software-Qualitätssicherung:
Methoden, Verfahren, Werkzeuge**. In Tagungsband STEVÖ 6.
Softwaretest-Fachtagung, "Software-Qualitätssicherung in der Praxis,
März 1991, Wien.

Schäfer (1990)

Im persönlichen Gespräch mit Hans Schäfer, Oslo, Mai 1990.

Software Engineering Standards (1989)

Software Engineering Standards. The Institue of Electrical and
Electronics Engineering Inc., New York, ISBN 1-55937-008-4, 1989.

Sommerville (1992)

Sommerville, I.: **Software Engineering**.
Addison-Wesley, Wokingham, England, 4th ed., 1992.

Anhang A: Abnahmetestvorschrift

In diesem Anhang ist der Auszug aus einer "echten" Testvorschrift für die Abnahme des Software-Pakets "ARVE". Das Paket wurde nach Spezifikationen des Auftraggebers von einem Software-Haus entwickelt. Die Testvorschrift wurde von einem Berater zu Handen des Auftraggebers erstellt und vom Software-Haus "als Meßlatte" akzeptiert. Das Testgeschirr wurde von einer Informatik-Studentin während des Praktikums beim Auftraggeber entwickelt. Die Schilderung dieser Konstellation sollte helfen, den (unvollständigen) Inhalt der Testvorschrift leichter zu deuten.

Bei der Ausarbeitung wurde das in diesem Buch vorgeschlagene Inhaltsverzeichnis als Basis genommen. Wie jede Richtlinie diente es nur als "Starthilfe". Die Besonderheit des konkreten Projekts erforderte gewisse Abweichungen. Diese sind:

1. Die verfeinerte Gliederung des Kapitels "Überblick". Insbesondere die "Annahmen und Hinweise" seien der Aufmerksamkeit des Lesers empfohlen.

2. Das Kapitel "Abnahmekriterien" ist durch Zusammenlegung zweier Unterkapitel vereinfacht worden.

3. Die schrittweise Lieferung und Abnahme führten zur Zusammenlegung der Testabschnitte für eine Lieferung in einem Kapitel. Hierdurch ergab sich die Struktur des Kapitels 4 und der folgenden.

Es ist nicht unsere Absicht, mit dem Beispiel den Leser in die Lage zu versetzen, das Produkt "ARVE" testen zu können. Bezweckt wird vielmehr, Hinweise zu geben, woran man denken muß, wenn man eine Testvorschrift für Dritte schreibt; und jede Testvorschrift sollte so geschrieben sein, daß der Test von Dritten ausgeführt werden kann.

ARVE

Abnahmetestvorschrift

Dokument 009 / Version 5, 3. Oktober 1988

1.   EINLEITUNG

1.1   Zweck des Tests

Das Dokument enthält die Spezifikation der Testfälle für die Abnahme (in mehreren Schritten) des Systems "Arztpraxis-Verwaltung (ARVE)".

1.2   Testumfang

Gegenstand der Betrachtung in der Version 1 ist nur die Komponente "Datenhaltung" von ARVE.

Die Version 2 enthält zusätzlich die Testfälle für die Abnahme der Komponente "Dateneingabe und Änderungen".

Die Version 3 enthält die Korrekturen zu den Testfällen für die Komponenten "Datenhaltung", "Dateneingabe und Änderungen".

Die Version 4 enthält zusätzlich die Testfälle für die Abnahme der Komponente "Auswertungen".

Die Version 5 ist das abgeschlossene Dokument.

1.3   Referenzierte Unterlagen

[1] ARVE.001/02   ARVE, Komponente "Datenhaltung", Anforderungsdokument, 30. April 1988.

[2] ARVE.002/04   ARVE, Komponente "Dateneingabe und Änderungen",
Anforderungsdokument, 26. Mai 1988.

[3] ARVE.003/03   ARVE, Komponente "Auswertungen", Anforderungsdokument, 18. Juni 1988.

2.   TESTUMGEBUNG

2.1   Überblick

2.1.1 Gliederung des Tests

Die Tests sind nach den einzelnen Komponenten des ARVE gegliedert. Der Test jeder Komponente ist in Testabschnitte unterteilt. Jeder Testabschnitt hat einen Satz von Funktionen zum Gegenstand.

Ein Testabschnitt besteht aus einer Anzahl von Testsequenzen. In der Regel gibt es zu Beginn einer Testsequenz Testfälle, welche mit Hilfe von Dienstprogrammen auszuführen sind. Sie dienen zur Überprüfung der Ausgangsbasis für die folgenden Testfälle, welche entweder mit Hilfe des Testgeschirrs oder direkt mit dem Programm (interaktiv oder batch) ausgeführt werden. Am Schluß stehen erneut Testfälle, welche mit Hilfe von Dienstprogrammen auszuführen sind. Sie dienen der Überprüfung, ob der erwartete Endzustand erreicht worden ist.

2.1.2 Testgüte

Die Testfälle sind so gewählt, daß

- alle Funktionen mindestens einmal ausgeführt und
- alle Eingabedaten mindestens einmal verwendet und
- alle Ausgabedaten mindestens einmal erzeugt und
- alle Grenzwerte bei den Eingabedaten verwendet werden.

Ausnahme: Bei der Datenhaltung wird der Fehlercode 9 nicht extensiv getestet.

2.1.3 Testgeschirr

Für den Test der Komponente "Datenhaltung" wird ein Testtreiber bereitgestellt. Er liest eine Testeingabe-Datei ein, führt die in ihr spezifizierten Funktionen mit den spezifizierten Eingabedaten aus und speichert die Ergebnisse in einer Testausgabe-Datei.

Die Testeingabe-Datei ist eine Textdatei und enthält die folgende Information für jeden Testfall:

- Nummer des Testfalls,
- auszuführende Funktion,
- die zu verwendende Eingabe (Datei),
- die erwartete Ausgabe (Datei).

Die Testausgabe-Datei ist eine Textdatei und enthält für jeden Testfall die folgende Information:

- Nummer des Testfalls,
- ausgeführte Funktion,
- die erzeugte Ausgabe (Datei),
- die verwendete Eingabe (Datei).

Beide Dateien enthalten zusätzlich Information, die für die Dokumentation des Tests von Belang ist (Zweck, Datum, Tester, u.ä.).

Der Vergleich der erwarteten und der erzeugten Ausgabe wird mit Hilfe des Dienstprogramms FILE COMPARE durchgeführt.

Der Testtreiber wird zum Teil auch für den Test der anderen Komponenten eingesetzt.

2.1.4 Annahmen und Hinweise - Datenhaltung

a) Bei der Anlieferung ist kein "Personal" und kein "Patient" angelegt.

b) Namen (Personal, Patient) dürfen 32 Zeichen lang sein (nicht spezifiziert).

2.1.5 Annahmen und Hinweise - Dateneingabe und Änderungen

a) Die Protokolldatei wird im Arbeitsverzeichnis abgelegt.

b) Ein Menü wird mit leerer Eingabe <RETURN> verlassen (nicht spezifiziert).

c) Namen (Personal, Patient) können nicht verändert (UPDATE) werden (so ist es spezifiziert).

d) Aufgrund der Beispiele in [Ref. 2] wird angenommen, daß nicht alle "obligatorischen" Angaben aus [Ref. 1] wirklich eingegeben werden müssen.

e) Zahlenwerte (Integer und Real) müssen nicht rechtsbündig angegeben sein.

f) Die erwarteten Fehlermeldungen sind in Hochkomma gesetzt, um anzudeuten, daß der Text nur sinngemäß, nicht wortgetreu zu sein braucht.

2.1.6 Annahmen und Hinweise - Auswertungen

a) [Ref. 3, Kap. 2.2f]

Es wird angenommen, daß die Fehlermeldungen auch am Bildschirm angezeigt werden.

b) [Ref. 3, Kap. 2.2h]

Es wird angenommen, daß die zentralen Vorbelegungstabellen 1a bis 1d einzeln abgespeichert und angewählt werden können.

c) [Ref. 3, Kap. 2.3f]

Es wird angenommen, daß "die zentrale Ablage" der Ort der Speicherung der Vorbelegungstabellen ist.

d) [Ref. 3, Kap. 3.1.1h]

Es wird angenommen, daß "Abbruch" sowohl A [RETURN] als auch E [RETURN] bedeutet. Der Unterschied liegt nur in der nächsten angezeigten Maske/Menü.

e) [Ref. 3, Kap. 3.1.1i]

Es wird angenommen, daß man nach S [RETURN] zum Eingabemenü "Auswertung" zurückkehrt.

2.2   Test-Software und -Hardware

a) Testtreiber ARVE_TEST, Release: _____

b) Betriebssystem: ________   Version: _____

Dienstprogramme FILE COMPARE, DIRECTORY, TYPE, COPY, RENAME.

c) Für die Durchführung des Tests sind zwei Terminals zu benutzen. Die Terminals sind jeweils wie folgt zu verwenden, falls nicht anders vermerkt:

Datenhaltung
    Terminal 1 = Bedienung des Testtreibers
    Terminal 2 = Betriebssystem-Befehle

Dateneingabe und Änderung, Auswertungen
    Terminal 1 = Bedienung von ARVE
    Terminal 2 = Betriebssystem-Befehle, Bedienung des Testtreibers

2.3   Testdaten, Testdatenbank

2.3.1   Komponente "Datenhaltung"

a) Für jede Testsequenz ist eine Testeingabe-Datei zu erstellen.

   Name: TSQ<sequenz_nummer>.INP

b) Für jede Testsequenz ist eine Testausgabe-Datei zu erstellen.

   Name: TSQ<sequenz_nummer>.OUT

c) Die aktuellen Ergebnisse der Testausführung sind in einer Datei abzulegen.

   Name: TSQ<sequenz_nummer>.TST

d) Der Vergleich mit FILE COMPARE wird zwischen *.OUT und *.TST Dateien durchgeführt. Das Resultat des Vergleichs wird in einer Datei abgelegt.

   Name: TSQ<sequenz_nummer>.DIF

e) Sobald die Testeingabe-Dateien erstellt worden sind, ersetzt ihr Ausdruck (Listing) die in diesem Dokument als Text vorgegebenen Testdaten. Die entsprechenden Textabschnitte im Anhang sind durch die Listings zu ersetzen. Den Listings ist jeweils eine Liste eindeutiger Referenzen zu den Dateien am Rechner voranzustellen.

f) Der Punkt e) gilt sinngemäß für die erwartete Testausgabe.

2.3.2   Komponente "Dateneingabe und Änderungen"

a) Die Dateneingabe- und Änderungskomponente erzeugt eine Protokolldatei.

   Name: _______________ .TPR

2.3.3   Komponente "Auswertungen"

a) Für die Ausgabe der Komponente "Auswertungen" wurden keine erwarteten Ausgabedaten spezifiziert, sondern eine Checkliste angelegt. Beim ersten Test sind die erzeugten Ausgaben anhand dieser Checkliste zu überprüfen. Die korrekten Ausgaben sind aufzubewahren (sie gelten für zukünftige Tests als erwartete Testausgabe).

2.4   Personalbedarf

Alle spezifizierten Testfälle können von einer Person durchgeführt werden.

3.   ABNAHMEKRITERIEN

3.1   Kriterien für Erfolg und Abbruch

a) Alle Testfälle müssen die spezifizierten Ergebnisse liefern.

   Ausnahme (Abnahme 1) bildet der Testabschnitt 1 der Datenhaltung und alle Testfälle, welche den Status = 8 als erwartete Ausgabe enthalten. Diese werden erst bei der Anlieferung der Privilegien-Verwaltung getestet.

b) Voraussetzung für die Abnahme ist, daß alle Testfälle, bei denen der Status kleiner als 8 erwartet wird (inklusive 0 = "kein Fehler"), korrekte Ergebnisse liefern und die Datenbank nicht verfälschen.

3.2   Kriterien für Unterbruch und Voraussetzungen für Wiederaufnahme

a) Ein "Absturz" (unbeabsichtigtes Anhalten des Programms) führt zum Unterbruch des Tests.

   1. Der Test wird erst wieder aufgenommen, wenn eine plausible Erklärung über die Ursache des Absturzes gegeben werden kann und die Testfälle angegeben werden können, bei denen es ebenfalls zum Absturz kommen wird.

   2. Die Wiederaufnahme des Tests muß ohne erneutes Übersetzen und Binden erfolgen.

   3. Der Test wird abgebrochen, wenn er nach zwei Stunden nicht wieder aufgenommen werden kann.

b) Der Test wird abgebrochen, wenn in einem Testabschnitt alle Testfälle von zwei Testsequenzen falsche Ergebnisse liefern.

c) Der Test wird abgebrochen, wenn die Anzahl Testfälle mit falschen Ergebnissen größer ist als die Anzahl Testfälle mit richtigen Ergebnissen.

   Diese Regel darf frühestens nach dem Abschluß des ersten Testabschnitts angewendet werden.

4.   TESTVERFAHREN - DATENHALTUNG

4.2   Testabschnitt 2 - Personal-Verwaltung

4.2.1 Einleitung

4.2.1.1 Zweck und Referenz zu Spezifikation

Die folgenden Funktionen sind zu testen:

1. Einfügen ins Personal   [Ref. 1, Kap. 6.1.5]
2. Löschen im Personal   [Ref. 1, Kap. 6.1.7]
3. Selektieren im Personal   [Ref. 1, Kap. 6.5.3]

4.2.1.2 Getestete Einheiten

Produkt: ______________   Release: ________

4.2.1.3 Vorbereitungsarbeiten

a) Die Installation ist vorzunehmen und der ausführbare Code ist mit Hilfe der mitgelieferten Prozeduren zu generieren.

b) Vor dem Test ist die Liste der zu testenden Module (Quell-, Objekt- und Lade-Module) zu erstellen mit Name, Version, Datum und Größe und in einer Datei aufzubewahren (mit Schreibschutz).

Name: START_CONF.LIS

4.2.1.4 Abschlußarbeiten

a) Am Ende des Tests ist die Liste der getesteten Module (Quell-, Objekt- und Lade-Module) mit Name, Version, Datum und Größe zu erstellen und in einer Datei aufzubewahren (mit Schreibschutz).

Name: END_CONF.LIS

b) END_CONF.LIS muß mit der vor dem Test erstellten Liste START_CONF.LIS übereinstimmen.

Ist dies nicht der Fall, gilt der Test als nicht bestanden.

Prüfung mit dem Dienstprogramm FILE COMPARE.

4.2.3 Testsequenz 22 - Operationen bei leerer Personaldatei

:
:

Fall	Funktion/Eingabe	Erwartete Ausgabe
2201	>DIRECTORY [ARVE.DB]	Länge von PERSONAL.DAT = 0

Fall #	Funktion	Eingabe		Erwartete Ausgabe	
		Name	Vorname	status	anzahl_personen
2202	Selektieren	*	*	0	0
2203	Löschen	Max	Moritz	2	0
2204	Einfügen	Moritz	Max	4	1
2205	Selektieren	Max	*	0	0
2206	Löschen	Moritz	Busch	2	0
2207	Selektieren	*	Max	0	1
2208	Einfügen	Max	Moritz	4	1
2209	Selektieren	Moritz	Moritz	0	0
2210	Selektieren	M*	M*	0	2
2111	Löschen	Moritz	*	6	1
2212	Selektieren	Max	Moritz	0	1
2213	Löschen	Max	Moritz	6	1
2214	Selektieren	Ma*	Mor*	0	0

2215	RETURN	>

2216	>DIRECTORY [ARVE.DB]	Länge von PERSONAL.DAT = 0

:
:

Statt eines Nachworts ...

Software ist ein herrliches Feld
um sich zu betätigen
falls es Sie nicht stört daß Prüfen
nicht immer so
viel Spaß macht
falls Sie ein Absturz nicht stört
dann und wann
gerade wenn alles schön läuft
weil selbst die gekauften Pakete
nicht fehlerfrei sind
immer

Software ist ein herrliches Feld
um sich zu betätigen
falls Sie nicht stört der Benutzer Toben
unentwegt
oder vielleicht ihr Schimpfen
bisweilen
was halb so schlimm ist
trifft es nicht Ihre Zeilen

Ach Software ist ein herrliches Feld
um sich zu betätigen
falls Sie sich nicht sehr stören
an ein paar kaputten Zeilen
im heiligen Code
oder an Divisionen durch Null
bisweilen
in Ihren vermurksten Formeln
oder an ähnlichen Ungehörigkeiten
denen unsere Computer-Gesellschaft
ausgeliefert ist
mit ihren Planern von Würde
und Benutzern mit Bürde
und Methoden-Gurus
und Software-Verkäufern

und ihren CASE-Versprechungen
und wissenschaftlichen Untersuchungen
und anderen Verklemmungen
die unser schwaches Fleisch
erleiden muß

Ja Software ist das beste Feld von allen
                              für eine Menge von Sachen wie
        Prüfungen planen
                      und Debugging planen
und Abnahmen planen
                  und analysieren und messen
      und reviewen
                  alle Dokumente sehen
                              und Risiken riechen
      und den Code kitzeln
                  und manchmal gar lesen
                              und gegenlesen und
        Glass-Box und Black-Box
                          und nach Testvorschrift
                  testen
                          und sich sichtlich freuen
              auf den Tag
                      an dem das Programm endlich läuft
        also einfach wie üblich
                  "Software engineeren"

Ja
      und genau mittendrin dann
                      kommt lächelnd der

      Abnahmebeamte

frei nach Lawrence Ferlinghetti, (Pictures of the gone world, City Light Books, San Francisco, 20. Printing, 1988, ISBN 0-87286-015-9).

Lawrence Ferlinghetti, Begründer des avantgardistischen City Light Press Verlages und der gleichnamigen Buchhandlung in San Francisco, Zeichner und Poet der Beat-Generation, Vater der Poetry Renaissance, schaffte etwas Ungewöhnliches: in den USA erreichte allein sein Gedichtband "Coney Island of the Mind" eine Auflage von einer halben Million.

Viele der Gedichte von Lawrence Ferlinghetti sind für das Lesen mit Jazz-Begleitung geschrieben worden, so auch das hier verunstaltete Gedicht 11 "Die Welt ist ein herrlicher Ort" ... "genau in der Mitte kommt der freundliche Leichenbestatter". Hiermit erklärt sich auch die eigenartige Gestaltung der Textzeilen: sie betont den Rhytmus des Gedichts (den man wahrscheinlich nicht wiedererkennen kann).

Stichwortverzeichnis